Die Auswertung zahlenmäßiger Beobachtungen in der Biologie

Eine praktische Anleitung in Beispielen

von

Dr. phil. et med. August Pütter
o. ö. Professor der Physiologie in Heidelberg

Mit sieben Figuren

Berlin und Leipzig
WALTER DE GRUYTER & CO.
vormals G. J. Göschen'sche Verlagshandlung · J. Guttentag, Verlagsbuchhandlung
Georg Reimer · Karl J. Trübner · Veit & Comp.
1929

vormals G. J. Göschen'sche Verlagshandlung — J. Guttentag, Verlagsbuchhandlung — Georg Reimer — Karl J. Trübner — Veit & Comp.
Berlin W 10, Genthiner Straße 38

Druck von Metzger & Wittig in Leipzig

Inhaltsübersicht

Vorwort

Die Korrelationsrechnung gewinnt rasch an Bedeutung für die Biologie. Vor allem die partielle Korrelationsrechnung stellt eine Forschungsmethode dar, die berufen ist, manche Frage zu beantworten, die eine unmittelbare experimentelle Lösung nicht zuläßt. Der allgemeinen Verbreitung dieser Methode steht wesentlich eine äußere Schwierigkeit entgegen: die mangelnde Übung der Mehrzahl der Biologen in der Handhabung der mathematischen Statistik.

Die vorliegende Schrift soll an praktischen Beispielen zeigen, wie die Grundfragen der mathematischen Statistik bearbeitet werden. Sie entwickelt die grundlegenden Begriffe des Genauigkeitsmaßes einer Beobachtung, der signifikanten Differenz zweier Beobachtungen und des Abhängigkeitsmaßes für zwei, drei und vier Größen.

August Pütter

In dem Maße, wie sich in den Naturwissenschaften vom Leben der Übergang vom Beschreiben zum Messen, der Übergang von der Feststellung qualitativer Unterschiede zur quantitativen Ermittelung bestimmter Merkmale vollzieht, gewinnt die Technik der Beurteilung des Wertes von Beobachtungen, die sinngemäße Verwendung der gewonnenen *Zahlen* eine immer größere Bedeutung.

Die grundsätzliche Notwendigkeit einer Kritik der Genauigkeit *jeder* zahlenmäßigen Angabe über ein Naturobjekt oder einen Naturvorgang folgt aus der Fundamentaltatsache, daß es *absolut* oder auch nur *beliebig* genaue Beobachtungen nicht gibt, nicht geben kann.

Die Größen der Mathematik sind eindeutig absolut festgelegt, soweit sie durch rationale Zahlen darstellbar sind, oder wenigstens mit jeder beliebigen Genauigkeit angebbar, soweit es sich um irrationale Zahlen, wie etwa die Zahlen π oder e, handelt.

Jede naturwissenschaftliche Beobachtung enthält mindestens *einen* Akt, bei dem unsere *Sinnesorgane* in Tätigkeit treten; diese sind aber nicht geeignet, beliebig kleine Unterschiede irgendwelcher Art erkennen zu lassen, es gibt für jedes von ihnen einen endlichen *Schwellenwert* für die wahrnehmbaren Unterschiede. Erfolgt die Beobachtung mit Instrumenten oder Apparaten, so kann diese Unvollkommenheit unserer Sinne im Einzelfalle bedeutungslos gemacht werden, nämlich in dem Falle, in dem nach der Beschaffenheit des Apparates eine Feststellung nicht mehr möglich ist, die an sich mit Hilfe eines Sinnesorganes nicht unmöglich wäre.

Die Genauigkeit jeder Beobachtung hat also ihre Grenze in der Beschaffenheit unserer *Beobachtungsmittel*. Es hat keinen Sinn, eine Angabe mit einer scheinbaren Genauigkeit zu machen, die durch keine Beobachtung erreicht werden kann.

Die Genauigkeit in der Angabe jeder zahlenmäßig festlegbaren Beobachtung muß sich mindestens nach der *möglichen* Genauigkeit dieser Beobachtung richten. In vielen Fällen wird die Möglichkeit in bezug auf die Genauigkeit einer Beobachtung nicht ausgenutzt und dann muß sich die Angabe der Genauigkeit nach der tatsächlich erreichten Genauigkeit der Beobachtung richten.

Handelt es sich bei der Beobachtung um die Aufgabe, eine Größe zu bestimmen, von der man annehmen darf, daß ihr ein ganz bestimmt definierter Wert zukommt, so ist es der Sinn der Beobachtung, diesen Wert so genau wie möglich anzugeben. Jeder Wert, der von dem (unbekannten) wirklichen Werte abweicht, ist fehlerhaft, es gibt nur einen einzigen richtigen Wert.

Diesen richtigen Wert durch Beobachtung festzustellen, ist, wie wir schon sahen, grundsätzlich unmöglich, da jede Beobachtung mit Fehlern behaftet ist. Mit Hilfe der Beobachtung können wir den Wert der gesuchten Konstanten nur annäherungsweise bestimmen und müssen den Zahlenwert, durch den wir sie kennzeichnen, mit einer Angabe über seine Genauigkeit versehen. Diese Angabe geschieht wieder durch eine Zahl, deren Sinn weiter unten erläutert werden wird.

Die Aufgabe der Bestimmung solcher im strengen Sinne konstanter Größen kommt in den biologischen Wissenschaften kaum vor. Es liegt vielmehr in der Natur des Forschungsgegenstandes der Biologie, daß die zu messenden Größen innerhalb eines gewissen Spielraumes jeden Wert annehmen können. Selbst wenn es also möglich wäre, die einzelne Bestimmung der fraglichen Größe mit beliebiger Genauigkeit durchzuführen, würden die Ergebnisse unabhängiger Bestimmungen nicht gleich ausfallen können. Die Verschiedenheiten der ermittelten Werte sind nicht Fehler in dem Sinne, in dem dieser Begriff sinnvoll benutzt werden konnte, solange es sich um die Bestimmung einer konstanten, eindeutig definierten Größe handelte; die beobachteten Verschiedenheiten sind vielmehr der Ausdruck dafür, daß biologische Größen eine Streuung haben. Als begrifflichen Grenzfall müssen wir uns klar machen, daß die Streuung am reinsten hervortreten würde in dem (nicht realisierbaren) Falle, in dem die Beobachtung völlig fehlerfrei wäre, d. h. in dem Falle, in dem der Fehler in der Angabe einer konstanten Größe Null sein würde. Beobachtungsfehler haben ihren Grund in der Methode, mit der eine Größe bestimmt wird. Die Streuung hat ihren Grund in den Objekten selbst.

Tatsächlich wirken bei der Verschiedenheit der Beobachtungsresultate, die an Gegenständen der biologischen Forschung erhalten werden, Fehler und Streuung zusammen. Die Genauigkeit in den zahlenmäßigen Angaben über Größen, die Organismen, ihre Teile oder ihre Funktionen kennzeichnen sollen, hat eine unübersteigbare Grenze in der Streuung, die den Größen — ganz abgesehen von der größeren oder geringeren Fehlerhaftigkeit ihrer Bestimmung — von Natur zukommt.

Zwischen die Beobachtung und ihre Verwertung zum Zweck wissenschaftlicher Forschung muß eine Untersuchung über die Größe der Fehler oder der Streuung eingeschoben werden. Ihr Ergebnis ist eine Angabe über das Genauigkeitsmaß der einzelnen Beobachtung oder der Beobachtungsreihe, die nicht nur darin besteht, daß der mittlere Fehler angegeben, sondern auch der Zahlenwert der beobachteten Größe auf die Zahl der Stellen beschränkt wird, die unter Berücksichtigung des Fehlers noch reale Bedeutung haben. Hierbei gilt die Regel, daß die vorletzte Stelle sicher sein soll, während die letzte um einige Einheiten unsicher ist.

In der überwiegenden Zahl biologischer Arbeiten fehlt diese Untersuchung über das Genauigkeitsmaß entweder vollständig oder ist nur mangelhaft durchgeführt. Jedenfalls fehlt die feste Tradition, die es zur Selbstverständlichkeit macht, jede Zahl mit ihrem Genauigkeitsmaß zu versehen, wie das in anderen Wissenschaften, in denen quantitative Forschung länger geübt wird, allgemein üblich ist (Astronomie, Physik) oder doch von ihren maßgebenden Vertretern verlangt wird.

In dem Maße, wie quantitative Bestimmungen einen immer breiteren Raum in der biologischen Forschung einnehmen, muß auch die Biologie zu dieser Übung kommen. Es handelt sich nicht um eine Forderung, die der Liebhaberei Einzelner entspringt, sondern um ein unabweisbares Postulat, dem sich keine Wissenschaft entziehen kann, die es überhaupt mit zahlenmäßigen Feststellungen zu tun hat.

Wenn die Handhabung des geringen mathematischen Rüstzeuges, das zur zahlenmäßigen Verwertung biologischer Beobachtungen erforderlich ist, der älteren Generation, die es nicht von Jugend auf benutzt hat, als unbequem erscheint und daher von ihr ignoriert wird, so wird die Entwicklung dadurch zwar verlangsamt werden, aber aufzuhalten ist sie nicht. Die heranwachsende Generation wird die Fehlerrechnung handhaben lernen, sie wird dadurch manches Experiment ersparen und vor mancher unberechtigten Verwertung alter wie neuer Beobachtungen bewahrt bleiben. Sie wird lernen, nicht mehr Versuche mit einer bestimmten Methode auszuführen, als die Methode wert ist, und nicht weniger, als die Fragestellung erfordert, und wird weiter lernen, aus ihren Beobachtungen alles herauszuholen, was aus ihnen zu entnehmen ist. Wir leiden heute an einem Übermaß schlecht ausgewerteter Beobachtungen.

Aber nicht nur die Vernachlässigung der Fehlerrechnung ist in der biologischen Literatur zu bemerken. In Amerika vor allem wird die Fehlerrechnung schon in viel weiterem Umfange als bei uns geübt, ebenso ihre Weiterentwicklung, die mit Hilfe der mathematischen Statistik das Abhängigkeitsmaß beobachteter Größen erforscht. In vielen der Arbeiten, die jede Zahl mit der Angabe ihres unsystematischen mittleren Fehlers versehen, fehlt eine weitere Untersuchung, die ebenso wichtig ist: Die Untersuchung über die instrumentellen Beobachtungsfehler, die Fehler der benutzten Methode. Für die Beurteilung der realen Bedeutung eines zahlenmäßig angebbaren Resultates ist diese Untersuchung nicht selten entscheidend.

Wenn ich im folgenden versuche, eine praktische Anleitung zur Ausführung von Fehlerrechnungen zu geben, so geschieht es aus der Erfahrung, daß es in den Wissenschaften, die in ihrem täglichen Betriebe die Mathematik kaum verwenden, und bei denen dementsprechend die angehenden Forscher nur selten den Zugang zu dieser Wissenschaft suchen, dem Einzelnen oft erhebliche Schwierigkeiten bereitet, sich für eine bestimmte Aufgabe aus den Originalquellen das herauszusuchen, was er braucht. Für die Fehlerrechnungen soll dieses Suchen erspart werden, und gleichzeitig soll an gegenständlich wichtigen Beobachtungsreihen die sachliche Bedeutung der Fehlerrechnung wie der mathematischen Statistik erläutert werden.

Es sind drei Grundfragen, die bei der Auswertung zahlenmäßig festgelegter Beobachtungen erörtert werden müssen:

1. Mit welcher Genauigkeit ist eine beobachtete Größe ermittelt worden?

2. Besteht eine signifikante Differenz zwischen zwei oder mehreren Größen gleicher Bedeutung, deren Zahlenwerte in verschiedenen Beobachtungsreihen beobachtet worden sind?

3. Besteht zwischen zwei oder mehreren beobachteten Größen verschiedener Bedeutung, die gleichzeitig in einer Versuchsreihe bestimmt worden sind, eine Abhängigkeit?

I. Das Genauigkeitsmaß

Um den Begriff des Genauigkeitsmaßes (der Präzision) einer Beobachtung zu erläutern, gehen wir von dem einfachsten Falle aus, in dem der Betrag einer Größe angegeben werden soll, die einen eindeutig definierten Wert hat. Es handelt sich hier nicht um die mathematische Entwicklung der theoretischen Grundlagen der Wahrscheinlichkeitsrechnung und ihre Anwendung auf die Ausgleichung von Beobachtungsergebnissen, sondern nur um die praktische Verwertung der Resultate dieses Teiles der Mathematik. Die Begründung der Lehrsätze, die im folgenden benutzt werden, die Diskussion darüber, wie weit sie unbedingt gültig oder nur die Folgerungen aus zweckmäßigen willkürlichen Festsetzungen sind, findet sich in den Lehrbüchern der Wahrscheinlichkeitsrechnung und der Ausgleichsrechnung. Der erste Grundsatz für die Ausgleichung von Beobachtungen ist:

1. Der Mittelwert ist der wahrscheinlichste Wert

Liegen für eine Größe (x) eine Anzahl (n) von Bestimmungen vor, so ist das arithmetische Mittel (M) aus den n Beobachtungen der wahrscheinlichste Wert der gesuchten Größe.

Wir schreiben also:

$$M = \frac{\sum x}{n} \tag{1}$$

wo $\sum$, wie in allen folgenden Formeln, stets bedeutet: die Summe aller Größen einer bestimmten Art, in unserm Falle der beobachteten Größen (x).

Ist die Zahl der Werte, aus denen der Mittelwert gebildet werden soll, sehr groß, so wird ein zweckmäßiges Verfahren zur raschen Ermittelung des Mittelwertes angewendet. Das Material wird in „Klassen" geteilt und festgestellt, wie oft die beobachtete Größe zwischen die Grenzen jeder Klasse fällt.

Wählt man nun den Mittelwert der Klasse, in der die größte Zahl der beobachteten Größen liegt, als „provisorisches Mittel“ (bezeichnet M_0), so ist der wirkliche Mittelwert $M = M_0 + b$. Die Zahl b berechnet man folgendermaßen: Sei n die Zahl der Fälle, m der Mittelwert jeder Klasse, so bildet man für jede Klasse den Wert $(m - M_0)$, der in Klassenbreiten (w) ausgedrückt wird, und addiert die positiven wie die negativen Werte der Ausdrücke $(m - M_0)$. Die Differenz beider, geteilt durch die Zahl der Fälle, gibt den Wert von b, ausgedrückt in Klassenbreiten. Beispiel für die Verwendung dieser Bestimmung des Mittelwertes mit Hilfe des provisorischen Mittels siehe Beispiel 2.

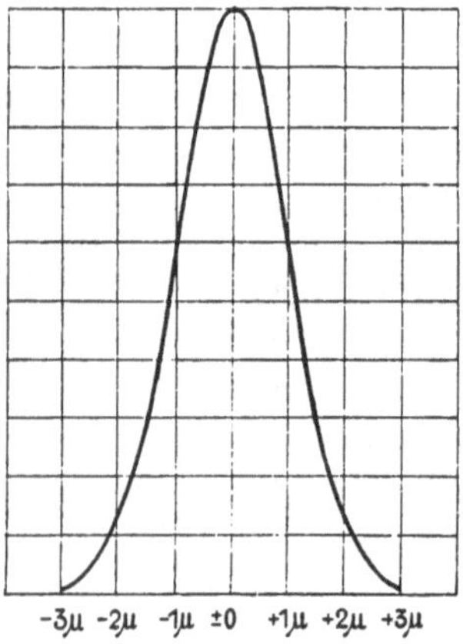

Fig. 1. Die Gausssche Fehlerkurve. μ = mittlerer Fehler, die Ordinate gibt die Häufigkeit des Vorkommens der einzelnen Werte in Prozenten des Mittelwertes an.

Da der wahre Wert *keiner* Größe angegeben werden kann, so muß die Angabe des wahrscheinlichsten Wertes ergänzt werden durch die weitere Angabe, *wie* wahrscheinlich es ist, daß die gesuchte Größe innerhalb eines gewissen Spielraumes liegt, dessen Mitte der angegebene Mittelwert ist. Diese Angabe ist nur möglich, wenn das Gesetz bekannt ist, nach dem sich die Abweichungen vom Mittel, die Fehler, um den Mittelwert gruppieren.

Die Wahrscheinlichkeitsrechnung kann diesen Fall nur behandeln, soweit es sich um *unsystematische* Fehler handelt. Bei jeder Beobachtung ist eine sehr große Zahl von Bedingungen von Einfluß, deren jede das Resultat nur sehr wenig beeinflußt und zwar bald in positivem, bald in negativem Sinne. Die Wirkungen dieser einzelnen *Elementarfehler* kombinieren sich in allen möglichen Weisen, und jede Kombination hat eine gewisse *Wahrscheinlichkeit* für sich. Theorie und Erfahrung zeigen mit befriedigender Übereinstimmung, daß sich diese unsystematischen Fehler nach einem Fehlergesetz um den Mittelwert ordnen, das in graphischer Darstellung eine glockenförmige Kurve, die Gausssche Fehlerkurve, ergibt, wie sie Fig. 1 zeigt.

Die Theorie führt auf verschiedene Ausdrücke, die als *Maß der Präzision*, als *Genauigkeitsmaß* verwendet werden können. Es sind:

a) der durchschnittliche Fehler ϑ,
b) der mittlere Fehler μ,
c) der wahrscheinliche Fehler.

Alle diese drei Größen stehen in einem festen Zahlenverhältnis zueinander. Am sichersten und dementsprechend auch allgemein eingeführt zur Beurteilung der Genauigkeit ist der mittlere Fehler μ. Zwischen dem mittleren Fehler μ und dem durchschnittlichen Fehler ϑ besteht die einfache Beziehung: $\mu = 1{,}25331\,\vartheta$. Der wahrscheinliche Fehler ist $^2/_3$ des mittleren Fehlers. Auf seine Bedeutung gehen wir nicht weiter ein, da sich immer mehr die Übereinkunft durchsetzt, den mittleren Fehler als Genauigkeitsmaß zu verwenden.

Der Sinn des mittleren Fehlers einer Beobachtung ist folgender: Die Wahrscheinlichkeit dafür, daß bei einer neuen Beobachtung der fraglichen Größe mit der gleichen Apparatur der Wert innerhalb der Grenzen liegt, die durch die Größe des mittleren Fehlers bezeichnet werden, beträgt 0,6826 oder rund $^2/_3$. Es ist also zu erwarten, daß von drei Beobachtungen zwei in den Spielraum $\pm 1\mu$ fallen. Die Wahrscheinlichkeit, daß neue Beobachtungen eine Abweichung von dem gefundenen Mittelwert ergeben, die 2, 3, 4mal, allgemein $k$mal so groß ist, wie der mittlere Fehler, nimmt sehr rasch mit dem steigenden Vielfachen des mittleren Fehlers ab, wie die folgende Zusammenstellung nach Czuber[1]) zeigt.

Abweichung vom Mittel im Vielfachen des mittleren Fehlers μ $k \cdot \mu$	Zahl der Fälle, unter denen 1 Fehler von der Größe $k \cdot \mu$ zu erwarten ist.
1,65	10
1,95	20
2,24	40
2,39	60
2,49	80
2,58	100
3,09	500
3,39	1000
3,73	5000
3,89	10000
4,26	50000
4,41	100000
4,74	500000
4,88	1000000
5,19	5000000
5,33	10000000

[1]) E. Czuber: Theorie der Beobachtungsfehler, Leipzig bei B. G. Teubner, 1891, S. 207/208. (Die Zahl für $k = 1{,}65$ aus Charlier, S. 20).

Bei 100 Beobachtungen ist nur ein Fall zu erwarten, in dem die Abweichung größer als der 2,58fache Betrag des mittleren Fehlers ist, und erst bei 500 Beobachtungen darf man nach der Wahrscheinlichkeit einen Fehler erwarten, der den dreifachen Wert des mittleren Fehlers (genauer 3,09) übertrifft.

Ganz die gleiche Verteilung der beobachteten Werte um den Mittelwert, wie sie für die unsystematischen Beobachtungsfehler gilt, findet sich meist auch für die Werte einer Größe, die ihrer Natur nach zwischen gewissen Grenzen jeden beliebigen (oder jeden ganzzahligen) Wert annehmen kann; d. h.: die Gaussche Fehlerkurve ist auch die Streuungskurve. Dieser Satz gilt allerdings nicht ohne eine wichtige Einschränkung, doch mag sie hier unerwähnt bleiben, da in anderem sachlichen Zusammenhang noch davon zu reden ist (siehe S. 27).

Formal besteht demnach keinerlei Unterschied zwischen Fehler und Streuung[1]), und die Art der Berechnung beider Größen ist gleich. Sie kann auf zwei Arten erfolgen.

2. Die Berechnung des mittleren Fehlers mit Hilfe des Mittelwertes

Zur Berechnung des mittleren Fehlers einer Reihe von Beobachtungen der gleichen Größe (x) bildet man zunächst die Differenzen der einzelnen Werte gegen den Mittelwert, d. h. die scheinbaren Fehler. Wir nennen sie, vom Vorzeichen abgesehen, Δx. Darauf bildet man die Quadrate der Differenzen Δx^2 und addiert diese Quadrate. Die Summe aller Fehlerquadrate schreiben wir: $\sum \Delta x^2$. Der mittlere Fehler μ berechnet sich dann aus der Gleichung:

$$\mu = \pm \sqrt{\frac{\sum \Delta x^2}{n-1}}\,, \tag{2}$$

wenn n die Zahl der Beobachtungen bedeutet.

Kontrolle der Rechnung: Die Summe aller Fehler Δx unter Berücksichtigung ihrer Vorzeichen muß Null ergeben. Infolge der Kürzung des Mittelwertes können kleine Abweichungen von Null vorkommen.

Abgekürzte Rechnung: Addiert man alle Fehler ohne Rücksicht auf ihre Vorzeichen, d. h. alle positiv genommen, und dividiert durch die Zahl der Beobachtungen n, so erhält man den durchschnittlichen Fehler ϑ. Es ist also:

$$\vartheta = \frac{\sum \Delta x}{n}\,. \tag{3}$$

[1]) Während der mittlere Fehler mit μ bezeichnet wird, ist für die Streuung die Bezeichnung σ üblich, die im folgenden vor allem stets dann gebraucht wird, wenn es sich um die Feststellung des Abhängigkeitsmaßes handelt.

Aus ϑ kann man sogleich μ erhalten durch Multiplikation mit 1,25331 (s. o.). Diese abgekürzte Rechnung kann auch als Kontrolle der direkten Berechnung von μ dienen.

3. Die Berechnung des mittleren Fehlers aus Beobachtungsdifferenzen

Anstatt von dem Mittelwert kann man zur Berechnung des mittleren Fehlers auch von den Beobachtungsdifferenzen ausgehen. Dieser Weg ist zu wählen, wenn eine Reihe von s Doppelbestimmungen einer Größe vorliegen. Wir nennen die Differenz der beiden Werte einer Doppelbestimmung Δx und bilden wieder die Summe der Quadrate dieser Differenzen $\sum \Delta x^2$. Der mittlere Fehler einer Anzahl von s Doppelbestimmungen ist:

$$\mu = \pm \sqrt{\frac{\sum \Delta x^2}{2s}} . \qquad (4)$$

4. Der mittlere Fehler des Mittelwertes einer Beobachtungsreihe

Den mittleren Fehler einer einzelnen Beobachtung nannten wir μ. Ist er aus n Beobachtungen abgeleitet, so lehrt die Wahrscheinlichkeitsrechnung, daß der mittlere Fehler des Mittelwertes der ganzen Beobachtungsreihe μ_x in dem Maße kleiner wird, wie die Wurzel aus der Zahl der Beobachtungen wächst. Es ist also:

$$\mu_x = \frac{\mu}{\sqrt{n}} . \qquad (5)$$

Bei der Verwendung dieses Begriffes des mittleren Fehlers des Mittelwertes einer Beobachtungsreihe ist bei biologischen Beobachtungen größte Vorsicht geboten. Seine Ableitung beruht auf der Voraussetzung, daß es für die Größe, deren Mittelwert bestimmt werden soll, wirklich einen eindeutig definierten Wert gibt. Diese Voraussetzung trifft aber für biologische Größen nicht zu, da sie eine Streuung haben, so daß selbst bei Beobachtungen, die von systematischen und instrumentellen Fehlern völlig frei wären, die Größe nie durch den Mittelwert eindeutig bestimmbar wäre. Aber selbst wenn es sich um eine Größe handelt, die durch einen Zahlenwert eindeutig definiert ist, erfordert die Verwendung des mittleren Fehlers des Mittelwertes stets besondere Überlegungen.

Eine schematische Anwendung des Rechenverfahrens zur Ermittlung des mittleren Fehlers des Mittelwertes einer Beobachtungsreihe führt zu sinnlosen Folgerungen in bezug auf die wirklich erreichte Genauigkeit, wenn nicht grundsätzlich auf die instrumentellen Fehler Rücksicht genommen wird. Diese Berücksichtigung der instrumentellen

Fehler ist kein Gegenstand der Wahrscheinlichkeitsrechnung, sondern eine spezielle Frage, die für die einzelne Apparatur oder Beobachtungsweise erörtert werden muß. Immerhin sind einige allgemeine Überlegungen am Platz, die sich auf die Bewertung der Instrumentenfehler beziehen. Abgesehen sei von Eichungsfehlern der Instrumente, also: falscher Teilung von Maßstäben oder Thermometerskalen, Büretten usw., von unrichtigen Gewichtssätzen, unrichtig eingestellten Normallösungen (systematischen Fehlern).

Jedes Instrument erlaubt nur eine begrenzte Genauigkeit der Ablesung, jede Farben- oder Helligkeitsvergleichung nur eine Genauigkeit, die von der Unterschiedsempfindlichkeit des Auges abhängt usw. Bei jeder Untersuchung muß der Fehler ermittelt werden, der aus diesen Unvollkommenheiten der Instrumente und der Sinnesorgane entspringt.

Es sei z. B. eine Bürette in 0,1 ccm geteilt und erlaube noch die Ablesung von 0,05 ccm. Jede einzelne Ablesung ist dann mit einem instrumentellen Fehler bis zu $\pm$ 0,025 ccm behaftet. Wird eine Titration mit dieser Bürette ausgeführt, bei der ein Farbenumschlag erkannt werden soll, so wird die Grenze in der Feinheit der Beobachtung entweder dadurch gegeben sein, daß aus der Bürette nur Tropfen bestimmter Größe fallen können, deren Größe z. B. 0,05 ccm beträgt, oder dadurch, daß der Farbenumschlag nicht auf einen Tropfen genau erkannt werden kann, sondern daß eine Zone der Unsicherheit besteht, deren Umfang dann mindestens zwei Tropfen oder 0,10 ccm beträgt.

Wie sich aus solchen Eigenschaften des Instrumentariums der Fehler ableiten läßt, mit dem jede Beobachtung behaftet bleibt, soll weiter unten gezeigt werden (Beispiel 3 und 4).

Hier mag es genügen, an einem fingierten Beispiel zu zeigen, zu welchen Folgerungen es führen kann (und geführt hat), wenn die instrumentellen Fehler nicht berücksichtigt werden. Der instrumentelle Fehler für die Bestimmung einer (definierten) Größe betrage 20%. Eine Beobachtungsreihe von 100 Einzelwerten möge als mittleren Fehler der einzelnen Beobachtung 22% ergeben. Das würde bedeuten, daß die Methode mit großer Sorgfalt gehandhabt worden ist, und daß die unsystematischen Fehler nur eine sehr geringe Rolle spielen. Der mittlere Fehler des Mittelwertes aber würde nur $^1/_{10}$ des mittleren Fehlers der Einzelbestimmung betragen, also nur $2{,}2\%$. Durch Vermehrung der Beobachtungen auf 1000 würde der mittlere Fehler des Mittelwertes gar auf $^{22}/_{31{,}6}$, d. h. auf $0{,}7\%$ herabgedrückt werden können. Was soll die Angabe eines solchen Genauigkeitsmaßes für einen naturwissenschaftlichen Sinn haben?

Man wird sich immer gegenwärtig halten müssen, daß die Angabe eines mittleren Fehlers des Mittelwertes einer Beobachtungsreihe einen realen Sinn nur dann hat, wenn es sich

1. um eine eindeutig definierte Größe ohne Streuung handelt, und wenn

2. der mittlere Fehler des Mittelwertes nicht kleiner ist als der instrumentelle Fehler der Bestimmungsmethode.

Beachtet man diese Gesichtspunkte nicht, so kommt man zu dem Ergebnis, daß man mit einer Apparatur, an der jede Einzelbeobachtung mit großen instrumentellen Fehlern behaftet ist, durch Häufung der Beobachtungen zu Resultaten von beliebiger Genauigkeit kommen kann. Tatsächlich geht unser ganzes Streben bei der Vervollkommnung der Instrumente doch darauf hinaus, die instrumentellen Fehler zu verkleinern. Wenn auch der Takt der erfahrenen Forscher sie meist vor solcher irrtümlichen Verwendung der Fehlerrechnung bewahrt, so trifft das doch nicht immer zu, wie an Beispielen gezeigt werden kann.

Wenn die Wahrscheinlichkeitsrechnung darauf besteht, daß der mittlere Fehler des Mittelwertes einer Reihe von n Beobachtungen im Verhältnis von $\sqrt{n}$ kleiner ist als der mittlere Fehler der Einzelbeobachtungen, so hat sie natürlich in der reinen Theorie recht, in der ja die einzelne Beobachtung als fehlerfrei angenommen wird. Wenn man sich aber überlegt, was der mittlere Fehler des Mittelwertes einer Beobachtungsreihe sachlich aussagt, so ersieht man leicht, daß diese Aussage für die beobachtende Naturwissenschaft vielfach inhaltlos ist.

In den Fällen, in denen die zu ermittelnde Größe gar keinen eindeutig definierten Wert hat, und ebenso in den Fällen, in denen der instrumentelle Fehler der Beobachtung größer ist als der mittlere Fehler des Mittelwertes, erschöpft sich die Bedeutung dieses Wertes in der Aussage, daß eine Versuchsreihe gleicher Länge mit der gleichen Apparatur mit gleicher Sorgfalt ausgeführt zu einem Mittelwerte führen wird, der in zwei von drei Wiederholungen nicht stärker von dem gefundenen Mittelwert der ersten Reihe abweichen wird, als der mittlere Fehler angibt. Diese typisch statistische Aussage ist aber nicht das, was wir von dem Genauigkeitsmaß einer naturwissenschaftlichen Beobachtung verlangen; sondern wir verlangen von ihr, daß sie angibt, mit welcher Genauigkeit die Beobachtung realisierbar oder im einzelnen Falle realisiert ist, und im Falle der biologischen Größen mit Streuung: mit welcher Genauigkeit die untersuchte Größe selber definiert ist.

Diese Überlegungen sind vor allem dann zu beherzigen, wenn es sich um die zahlenmäßige Bewertung von relativ kurzen Beobachtungsreihen handelt. Dieser Fall trifft — mit Ausnahme der Variationsstatistik — bei biologischen Beobachtungen fast immer zu. Erst wenn mehr als 1000 Beobachtungen einer einzelnen Größe vorliegen, kommt eine im gewöhnlichen Sinne statistische Verarbeitung in Frage; gerade von diesen Fällen soll aber hier nicht die Rede sein.

Beispiel 1. Das Gehirngewicht des Mannes und seine Streuung. Auf Grund der Wägungen von 416 Gehirnen schwedischer Männer soll das mittlere Gehirngewicht angegeben werden. Die Wägungsergebnisse sind nur abgerundet auf 50 g angegeben, wobei es für uns gleichgültig ist, ob die Wägung nur mit dieser Genauigkeit ausgeführt werden kann, oder ob nur bei einer Verteilung des Materials auf kleinere Intervalle („Klassen") die Zahlen in den einzelnen Intervallen zu klein werden würden. Zwischen 1350 und 1400 g wurden z. B. 86 Gehirne gefunden (von 416). Hätten wir die Gewichte auf 5 g angegeben, so würde die „Klasse" der 86 Gehirne zwischen 1350 und 1400 g Gewicht jetzt 10 „Klassen" umfassen, in deren jeder 8 bis 9 Gehirne gezählt werden würden. Bei so geringen Zahlen in den einzelnen Klassen wird die Verteilung nicht mehr der Wahrscheinlichkeit entsprechen. Hätten wir aber statt 416 die zehnfache Anzahl Gehirne gewogen, so könnten wir sie in Klassen von 5 g Umfang einteilen und hätten immer noch eine ebenso starke Besetzung der Klassen, wie in unserem Falle bei Klassenbreiten von 50 g. Die Streuung würde sich aus dem 10mal so großen Zahlenmaterial nicht als kleiner ergeben wie aus dem vorliegenden, nur würde die Genauigkeit der Angabe über die Größe der Streuung größer werden.

Der Mittelwert sowie die Streuung muß natürlich unter Berücksichtigung der Zahl der Fälle berechnet werden, in denen die einzelnen Gewichtsklassen gefunden wurden. Jede Klasse hat ein bestimmtes „Gewicht", das durch die Zahl der beobachteten Fälle gegeben ist. Nur an diesem einfachen Falle ist der Begriff des Gewichtes der Beobachtungen erläutert, der in den feineren Ausgleichsrechnungen eine erhebliche Rolle spielt, für die Zwecke der Biologie aber zum Teil nicht so bedeutsam ist, daß ein näheres Eingehen erforderlich scheint.

Der Mittelwert ist 1400,5 g. Wir rechnen aber nur mit dem abgekürzten Werte 1400 g weiter. Infolge dieser Kürzung wird die Summe der Differenzen gegen den Mittelwert $\sum n \cdot \Delta x$ (n bedeutet hier die Zahl der Fälle in der einzelnen Klasse, Δx ist hier mit Berücksichtigung der Vorzeichen zu verstehen) nicht Null, wie sie es definitionsmäßig werden müßte. Die Summe der negativen Werte ist -17825, die der positiven $+18025$, so daß die Summe aller $+200$ beträgt.

Die Summe der $n \cdot \Delta x$ ohne Berücksichtigung der Vorzeichen beträgt 35850, daraus ergibt sich durch Division mit der Zahl der Beobachtungen (416) der durchschnittliche Fehler $\vartheta = \pm 86{,}18$. Der mittlere Fehler ist demnach $\vartheta \times 1{,}2533 = \pm 108{,}01$.

Aus der Summe der Fehlerquadrate ($\sum n \cdot \Delta x^2$) berechnen wir exakt den mittleren Fehler in $\mu = \pm 107{,}43$, also fast genau gleich dem Wert, den die abgekürzte Rechnung ergibt. Da aber die Gehirngewichte nur in Klassen von 50 g Umfang gegeben werden, hat es keinen Sinn, die Streuung auf die Einer anzugeben. Wir werden vielmehr sinngemäß das Resultat durch den Ausdruck 1400 ± 100 angeben. Der Sinn dieser Angabe ist, daß 68% aller Gehirne zwischen den Grenzen 1300 und 1500 liegen werden, 95,4% zwischen den Grenzen 1200 und 1600.

Ob die Verteilung der beobachteten Gehirngewichte wirklich der Gaussschen Fehlerfunktion folgt, läßt sich leicht aus der folgenden Zusammenstellung ersehen.

Stufe des Gehirngewichtes (g)	Zahl der beobachteten Fälle	Zahl der berechneten Fälle
1100—1200	11	9
1200—1300	65	58
1300—1400	139	141
1400—1500	132	141
1500—1600	53	58
1600—1700	15	9
1700—1800	1	1,1

Die Übereinstimmung ist befriedigend. Durch die Angabe des Mittelwertes und seiner Streuung ist die Beobachtungsreihe völlig befriedigend dargestellt.

Dagegen wäre es sinnlos, den mittleren Fehler des Mittelwertes der ganzen Beobachtungsreihe anzugeben. Wenn der mittlere Fehler der einzelnen Bestimmung $\pm 107{,}43$, die Zahl der Beobachtungen 416 ist, so wäre der mittlere Fehler des Mittelwertes $\mu_x = \frac{107{,}43}{\sqrt{416}} = \pm 5{,}27$. Diese Angabe könnte nur Sinn haben, wenn es sich um eine konstante Größe handelte, die mit einem instrumentellen Fehler von weniger als 5,27 g festgestellt wäre. Die Zahl 107,43 oder richtiger 100 ist aber gar keine Angabe über einen „Fehler", sondern eine Angabe über eine „Streuung". Diese Streuung, die charakteristisch für die Größe ist, wird dadurch nicht größer oder kleiner, daß man sie das eine Mal aus einer geringeren, ein anderes Mal aus einer größeren Reihe von Beobachtungen bestimmt. Was sich ändert, ist nur die

Tabelle 1

Gehirngewicht von 416 schwedischen Männern nach Pearl

Zahl n	Gewicht g	$n \cdot g$	Δx	$n \cdot \Delta x$	Δx^2	$n \cdot \Delta x^2$
1	1125	1125	− 275	− 275	75625	75625
10	1175	11750	− 225	− 2250	50625	506250
21	1225	25725	− 175	− 3675	30625	643125
44	1275	56100	− 125	− 5500	15625	687500
53	1325	70225	− 75	− 3975	5625	298125
86	1375	118250	− 25	− 2150	625	53750
72	1425	102600	+ 25	+ 1800	625	45000
60	1475	88500	+ 75	+ 4500	5625	337500
28	1525	42700	+ 125	+ 3500	15625	437500
25	1575	39375	+ 175	+ 4375	30625	765625
12	1625	19500	+ 225	+ 2700	50625	607500
3	1675	5025	+ 275	+ 825	75625	226875
1	1725	1725	+ 325	+ 325	105625	105625
$\sum = 416$		$\sum n \cdot g = 582600$		− 17825		$\sum n \cdot \Delta x^2 = 4790000$
		$M = 1400{,}5$		+ 18025		
				$\sum n \cdot \Delta x = + 200$		

M gerechnet $= 1400$

$$\sigma = \pm \sqrt{\frac{4790000}{415}} = \pm 107{,}43 \qquad \vartheta = \frac{35850}{416} = 86{,}18$$

$$\sigma_x = \pm \frac{107{,}5}{\sqrt{416}} = \pm 5{,}25 \qquad \mu = 86{,}18 \cdot 1{,}2533 = 108{,}01$$

Genauigkeit, mit der die Größe der Streuung angegeben werden kann, nicht die Genauigkeit in der Angabe des Mittelwertes.

Dieses Beispiel ist so gewählt, daß die Größe des instrumentellen Fehlers in der Bestimmung der Gehirngewichte gegenüber der Größe der Streuung ganz zu vernachlässigen ist. Ist das nicht der Fall, so stecken in der Angabe des „mittleren Fehlers" einer Beobachtung sowohl wirkliche Beobachtungsfehler als Streuung. Wenn die Streuung ebenso eine Gruppierung der beobachteten Größen um den Mittelwert bewirkt, wie die Fehler, d. h. wenn die Häufigkeit der Abweichungen vom Mittelwert für beide durch eine Gaussche Fehlerkurve darzustellen ist, so läßt sich nicht ohne weiteres angeben, welche Genauigkeitsangabe noch einen realen Sinn hat. Nur die Angabe des mittleren Fehlers (oder der Streuung) der einzelnen Beobachtung hat auf alle Fälle einen guten, zweifellosen Sinn.

Beispiel 2. Die Graviditätsdauer der Kuh. Dieser Fall erläutert zunächst die Bildung des Mittelwertes mit Hilfe des provisorischen Mittels. Bei der Beurteilung des Resultates ist zu erwägen, daß die Größe, die gekennzeichnet werden soll, der Natur der Sache nach in jedem Einzelfall überhaupt nicht genauer als auf einen ganzen Tag angegeben werden kann. Die Gravidität beginnt mit der Befruchtung des Eies. Diese wird nicht beobachtet, denn nur die Zeit der Begattung kann festgestellt werden. Daß man diese auf eine Minute genau angeben kann, bedeutet nicht, daß der Beginn der Gravidität mit solcher Genauigkeit angegeben werden könnte. Die tatsächliche Beobachtung gibt natürlich nur den Tag der Begattung. Das Ende der Gravidität ist überhaupt nicht durch einen beliebig genau feststellbaren Moment gegeben. Der Augenblick, in dem das Kalb völlig ausgestoßen worden ist, oder der Moment der Durchtrennung der Nabelschnur ist doch augenscheinlich ein ganz konventionell gewählter Punkt. Die Frage des genauen Endes der Gravidität ist für uns insofern gegenstandslos, als auch dieser Zeitpunkt nur auf ganze Tage angegeben wird. So kann der Natur der Sache nach auch das Ergebnis der Rechnung nur in der Angabe ganzer Tage für die Trächtigkeitsdauer bestehen. Wenn Charlier das Resultat schreibt: $M = 278{,}15 \pm 0{,}27$ und $\sigma = 5{,}35 \pm 0{,}19$, so meine ich, daß hier bereits ein Mißbrauch mit einem Genauigkeitsmaß getrieben wird. Der Mittelwert ist auf hundertstel Tage, d. h. auf eine Viertelstunde genau angegeben, während der „instrumentelle Fehler" in der Beobachtung des Anfanges und des Endes der Gravidität bis zu einem halben Tage beträgt und eine Angabe, die die Dauer der Gravidität genauer als auf ganze Tage angibt, keine sachliche Bedeutung hat. Das Resultat ist vielmehr richtig zu schreiben:

$M = 278 \pm 5$ und das bedeutet: Im Mittel beträgt die Trächtigkeitsdauer 278 Tage. Zwei Drittel der beobachteten Tragzeiten liegen zwischen 273 und 283 Tagen, 95,4% zwischen 268 und 288.

Tabelle 2

Graviditätsdauer bei der Kuh nach 393 Beobachtungen in ALNARPS landwirtschaftlichem Institut.[1])

Trächtigkeitsdauer in Tagen (Klassenbreite $w = 2$ Tage)	Zahl der beobachteten Fälle $F(x)$	Abweichung vom provisorischen Mittel in Klassenbreiten $\frac{m - M_0}{w} = x$	$x \cdot F(x)$		$x^2 F(x)$
261,5	2	−8		−16	128
263,5	2	−7		−14	98
265,5	7	−6		−42	252
267,5	9	−5		−45	225
269,5	10	−4		−40	160
271,5	19	−3		−57	171
273,5	37	−2		−74	148
275,5	52	−1		−52	52
277,5	69	0			
279,5	54	+1	+54		54
281,5	58	+2	+116		232
283,5	30	+3	+90		270
285,5	25	+4	+100		400
287,5	10	+5	+50		250
289,5	3	+6	+18		108
291,5	5	+7	+35		245
293,5	1	+8	+8		64
			+471	−340	2857

m = Mittelwert jeder Klasse in Tagen;
provisorisches Mittel $M_0 = 277{,}5$; Mittelwert $M = M_0 + b$;
Klassenbreite $w = 2$ Tage; Zahl der beobachteten Fälle $n = 393$;
$\frac{m - M_0}{w} = x$ in Klassenbreiten;

$$b = (+471 - 340) : 393 = +0{,}333 \text{ in Klassenbreiten;}$$

$$b = 2 \cdot 0{,}333 = 0{,}666 \text{ in Tagen;}$$

$$\sigma^2 = w^2 \left\{ \frac{\sum x^2 F(x)}{n} - b^2 \right\};$$

$$\sigma^2 = w^2 \left(\frac{2857}{393} - 0{,}111 \right) = w^2 \cdot 7{,}158;$$

$$\sigma = w \cdot 2{,}676 = 5{,}35 \text{ Tage;}$$

$$M = 277{,}5 + 0{,}66 = 278{,}16 \text{ Tage:}$$

Mittelwert und Streuung sind nicht zu schreiben: $278{,}16 \pm 5{,}35$, sondern $M = 278 \pm 5$.

---

[1]) C. V. L. CHARLIER: Vorlesungen über die Grundzüge der mathematischen Statistik. Verlag Scientia, Lund. Druck bei Lütcke und Wulff, Hamburg 1920, S. 65/66.

5. Das Genauigkeitsmaß von Summen und Produkten

Häufig ist die Frage zu beantworten, wie groß der mittlere Fehler eines Ausdrucks ist, der sich aus mehreren Größen zusammensetzt, deren jede mit einem Fehler behaftet ist. Hierfür gelten die folgenden Regeln:

a) Werden die Größen additiv zusammengefügt, so ist der mittlere Fehler μ der Summe aus den einzelnen mittleren Fehlern μ_1, μ_2, $\mu_3 \ldots \mu_n$ zu berechnen nach der Formel:

$$\mu = \pm \sqrt{\mu_1^2 + \mu_2^2 + \ldots + \mu_n^2}\ . \qquad (6)$$

Der mittlere Fehler der Differenz ist nach der gleichen Formel zu berechnen. Beispiele für die Anwendung dieser Regel siehe unter Beispiel 3 und 4.

b) Wird die Größe s, die den mittleren Fehler $\mu(s)$ hat, mit dem Faktor n multipliziert, so ist der mittlere Fehler des Produktes n mal so groß wie μ, also:

$$\mu(n \cdot s) = n \cdot \mu(s)\ . \qquad (7)$$

c) Wird aus den Größen r und s, deren mittlere Fehler $\mu(r)$ und $\mu(s)$ sind, das Produkt gebildet, so ist der mittlere Fehler dieses Produktes $\mu(r \cdot s)$ zu berechnen nach der Formel:

$$\mu(r \cdot s) = \sqrt{s^2 \cdot \mu(r)^2 + r^2 \mu(s)^2}\ . \qquad (8)$$

Sei t eine dritte Größe, so ist der mittlere Fehler des Produktes von r, s und t [zu schreiben: $\mu(r \cdot s \cdot t)$] zu rechnen nach der Formel:

$$\mu(r \cdot s \cdot t) = \sqrt{t^2 \cdot s^2 \cdot \mu(r)^2 + t^2 \cdot r^2 \cdot \mu(s)^2 + r^2 \cdot s^2 \mu(t)^2}\ . \qquad (9)[1]$$

[1]) G. Hagen, Der Constanten wahrscheinliche Fehler. Berlin bei Ernst u. Korn, 1884, S. 18/19.

II. Die signifikante Differenz

Ist eine gewisse Größe unter verschiedenen Bedingungen in zwei oder mehreren Versuchsreihen bestimmt und durch Mittelwert und mittleren Fehler festgelegt, so ist die weitere Frage zu entscheiden, ob die beiden Resultate übereinstimmen oder ob sie als sachlich verschieden zu betrachten sind.

Das Kriterium dafür, ob zwei Beobachtungsreihen Resultate geliefert haben, die signifikant verschieden sind, muß aus Gesichtspunkten abgeleitet werden, die sich aus dem Begriff des Genauigkeitsmaßes leicht ergeben. Das rechnerische Verfahren besteht darin, daß eine Größe k bestimmt wird, aus deren Zahlenwert die Entscheidung getroffen werden kann, ob es sich um eine signifikante Differenz handelt. Bedeuten M_1 und M_2 die Mittelwerte, μ_1 und μ_2 ihre mittleren Fehler, so wird die Größe k berechnet nach der Gleichung:

$$M_1 - M_2 = k \sqrt{\mu_1^2 + \mu_2^2}$$

oder

$$k = \frac{M_1 - M_2}{\sqrt{\mu_1^2 + \mu_2^2}} \cdot \qquad (10)$$

Ist $k \leqq 1{,}0$, so ist die Übereinstimmung zwischen beiden Beobachtungsreihen gut.

Ist $k > 1{,}0$ aber $< 2{,}0$, so ist die Übereinstimmung befriedigend.[1]) Ist $k > 2{,}0$, so muß die Frage nach der sachlichen Verschiedenheit der beiden Resultate diskutiert werden.

Als allgemeine Regel gilt, daß eine Differenz sicher als signifikant anzusehen ist, wenn $k \geqq 5{,}0$ ist.

Die Bedeutung dieser Festsetzung ist am leichtesten einzusehen, wenn man von dem Falle ausgeht, daß μ_1 und μ_2 gleich sind, daß also beide Größen den gleichen mittleren Fehler haben. Als signifikant ist, wie in diesem Falle sofort einzusehen, die Differenz dann anzusehen, wenn der Wahrscheinlichkeit nach nur eine Beobachtung unter 100 für die Größe M_1 einen Wert liefert, der um weniger als das

---

1) Vgl. Charlier, a. a. O. S. 24/25.

2,5fache des mittleren Fehlers von M_2 verschieden ist und ebenso unter 100 Beobachtungen von M_2 nur einmal ein Wert zu erwarten ist, der um weniger als das 2,5fache des mittleren Fehlers von M_1 abweicht. In bildlicher Darstellung würden die beiden Mittelwerte und ihre Fehlerkurven die Fig. 2 ergeben. Es ist natürlich eine Konvention, wenn man den Wert $k = 5$ als Grenze für eine signifikante Differenz bestimmt, und bei biologischen Untersuchungen wird man, zumal wenn sachliche Gründe vorliegen, die einen Unterschied erwarten lassen, diese Forderung als zu streng betrachten müssen.

In Figg. 2 und 3 sind z. B. die Fehlerkurven für $k = 4{,}0$ und $k = 3{,}0$ dargestellt. Bei einer derartigen Verteilung der beobachteten

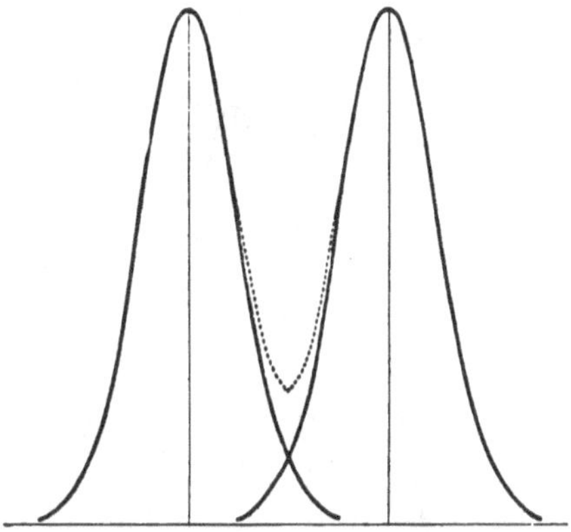

Fig. 2. Ausgezogen: zwei GAUSSsche Fehlerkurven, deren Mittelwerte um das 4fache des mittleren Fehlers voneinander entfernt sind. Gestrichelt: die Summenkurve der beiden ausgezogenen Kurven.

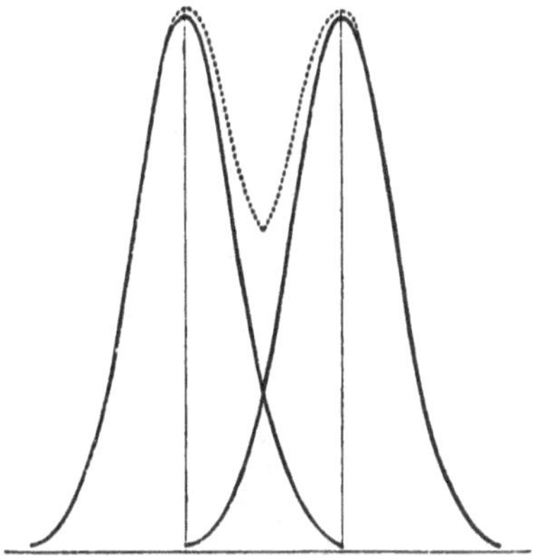

Fig. 3. Bedeutung der Kurven wie Fig. 2. Abstand der Mittelwerte $= 3\mu$.

Werte, wie die gestrichelten Linien sie darstellen, wird man kaum daran zweifeln, daß den beiden Mittelwerten eine real verschiedene Bedeutung zukommt.

Ist $k = 2{,}5$, so würden sich die beobachteten Fälle in der Weise verteilen, wie es Fig. 4 zeigt. Auch in diesem Falle wird das Vorhandensein eines sachlichen Unterschiedes als sehr wahrscheinlich betrachtet werden können, wenn es sich um zwei verschiedene Beobachtungsreihen handelt, von denen **bekannt** ist, daß irgendeine Bedingung, die von Einfluß auf das Resultat sein kann, in jeder Reihe konstant gewirkt hat, in beiden aber verschieden gewesen ist. Wird dagegen in einer einzigen Beobachtungsreihe eine Verteilung der Werte gefunden, wie sie Fig. 4 (gestrichelte Linie) zeigt, während nicht bekannt ist, daß ein Teil der Beobachtungen unter anderen

Bedingungen ausgeführt ist, als der Rest, so kann der Schluß auf zwei typisch verschiedene Kombinationen von Bedingungen erst dann eine erhebliche Wahrscheinlichkeit beanspruchen, wenn die Zahl der beobachteten Fälle recht groß ist, so daß mit genügender Wahrscheinlichkeit zu erwarten ist, daß sich die Werte unter einheitlichen Bedingungen nach der Fehlerkurve um den Mittelwert gruppieren würden.[1]) Beträgt endlich k nur 2,0, so würde sich die Gesamtheit der beobachteten Werte in Form der gestrichelten Kurve in Fig. 5 darstellen. Aus dieser Verteilung zu schließen, daß sie dadurch bewirkt wird, daß zwei (oder mehr) Typen oder typische Bedingungen von Kombinationen zu einem inhomogenen Material vereinigt worden

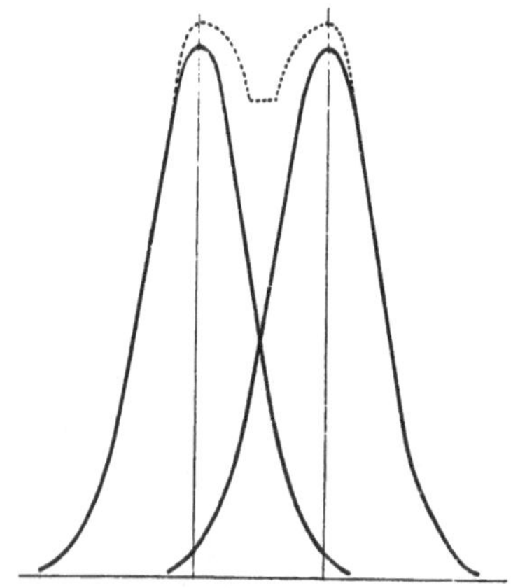

Fig. 4. Bedeutung der Kurven wie Fig. 2. Abstand der Mittelwerte = $2{,}5\,\mu$.

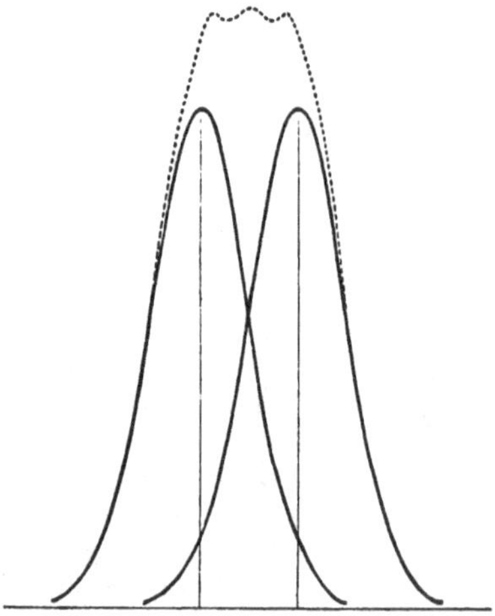

Fig. 5. Bedeutung der Kurven wie Fig. 2. Abstand der Mittelwerte = $2{,}0\,\mu$.

seien, ist nicht ohne weiteres gerechtfertigt. Hier stehen wir an der Grenze der Schlüsse, die auf Grund der Mittelwerte und mittleren Fehler oder Streuungen gezogen werden können.

Die mathematische Statistik lehrt, daß eine statistische Reihe außer durch Mittelwert und Streuung noch durch zwei Charakteristika höherer Ordnung gekennzeichnet werden kann. Es sind dies „der Exzeß" und „die Schiefheit".

Von diesen Kennzeichen und ihrer Bedeutung soll hier nicht die Rede sein, denn es gilt als allgemeine Regel, den Versuch der Verwertung dieser höheren Charakteristika nur dann zu machen, wenn

[1]) Es ist zu beachten, daß diese Betrachtungen zur Erläuterung des Sinnes der signifikanten Differenz von den mittleren Fehlern der einzelnen Beobachtungen ausgehen, nicht von den mittleren Fehlern der Mittelwerte.

die Zahl der beobachteten Fälle größer als 1000 ist. Bei der zahlenmäßigen Verwertung von Versuchsresultaten kommen solche Zahlen zurzeit kaum vor.. Unsere ganzen Anweisungen beziehen sich vielmehr auf den normalen Fall, in dem nur 10, 20, 40, vielleicht auch einmal 100 Beobachtungen vorliegen, so daß die höheren Charakteristika statistischer Reihen nicht gebraucht werden dürfen. Nur in der Variationsstatistik spielen sie eine Rolle, die besonderer Darstellung bedarf, aber gegenwärtig eine mehr spezielle Bedeutung hat.

Es sei nur darauf hingewiesen, daß die wichtige Ausnahme von der Regel, daß sich die Streuung durch die gleiche Kurve darstellen läßt, wie die Verteilung unsystematischer Fehler (siehe S. 14), in der Existenz von Schiefheit und Exzeß besteht. Beispiele für die Beurteilung der Signifikanz von Beobachtungsreihen siehe Beispiel 3.

Beispiel 3. Der Grundumsatz des Menschen, gemessen durch den Sauerstoffverbrauch pro Minute, bei vorsätzlicher Muskelruhe in nüchternem Zustande.

Das Material bilden $n = 40$ Versuche an derselben Versuchsperson (Selbstversuche) mit derselben Apparatur, aber bei verschiedener Art der Ernährung. Der Mittelwert ist $M = 275{,}38$, gekürzt zu rechnen als 275 ccm Sauerstoffverbrauch pro Minute. Die Summe der Δx unter Berücksichtigung des Vorzeichens ist $\sum \Delta x = + 15$ anstatt Null. Die Summe der Δx, alle Werte positiv gerechnet, ist $\sum \Delta x = 577$. Durch Division mit 40 (Zahl der Versuche) erhalten wir den durchschnittlichen Fehler $\vartheta = \pm 14{,}4$. Hieraus durch Multiplikation mit 1,2533 den mittleren Fehler $\mu = \pm 18{,}05$. Aus der Summe der Fehlerquadrate $\sum \Delta x^2$ berechnet sich der mittlere Fehler einer einzelnen Bestimmung zu $\mu = \pm 18{,}02$, also genau der gleiche Wert, wie aus dem durchschnittlichen Fehler. Der mittlere Fehler des Mittelwertes ist $\mu_x = \pm 2{,}85$. Hat die Angabe dieses Fehlers einen realen Sinn?

Um diese Frage zu entscheiden, wollen wir den mindesten Betrag des instrumentellen Fehlers abschätzen.

Der Sauerstoffverbrauch wird an der Kurve des Kroghschen Respirationsapparates abgemessen. Dazu ist notwendig:

1. Ausgleichung der Gipfelpunkte der Exspirationskurven durch eine gerade Linie. Fehler 1,5 mm.

2. Durchziehen einer horizontalen Linie von 21 cm Länge (entsprechend 10 Minuten Versuchsdauer). Fehler etwa 0,5 mm.

3. Errichten einer Vertikalen auf der horizontalen Linie. Fehler etwa 0,5 mm.

4. Messung der Vertikalen, die das Absinken des Deckels in 10 Minuten mißt. Zweimal ein Ablesefehler von 0,2 mm.

Tabelle 3

Grundumsatz beim Menschen.[1] 40 Versuche.

x = Sauerstoffverbrauch in ccm pro Minute.

	x	Δx	Δx^2
1	276	+ 1	1
2	286	+11	121
3	288	+13	169
4	291	+16	256
5	283	+ 8	64
6	285	+10	100
7	293	+18	324
8	267	− 8	64
9	272	− 3	9
10	264	−11	121
11	286	+11	121
12	280	+ 5	25
13	315	+40	1600
14	267	− 8	64
15	281	+ 6	36
16	265	−10	100
17	261	−14	196
18	295	+20	400
19	323	+48	2304
20	258	−17	289
21	276	+ 1	1
22	262	−13	169
23	264	−11	121
24	259	−16	256
25	262	−13	169
26	255	−20	400
27	257	−18	324
28	262	−13	169
29	270	− 5	25
30	265	−10	100
31	270	− 5	25
32	261	−14	196
33	265	−10	100
34	258	−17	289
35	257	−18	324
36	262	−13	169
37	259	−16	256
38	297	+22	484
39	324	+49	2401
40	294	+19	361

$n = 40$

$\sum x = 11015$

$M = \frac{\sum x}{n} = 275{,}38$

gerechnet: $M = 275$

$\sum \Delta x = 577$

$\vartheta = \frac{577}{40} = \pm 14{,}4$

$\mu = 14{,}4 \cdot 1{,}2533 = \pm 18{,}05$

$\sum \Delta x^2 = 12703$

$\mu = \pm \sqrt{\frac{12703}{39}} = \pm 18{,}02$

$\mu_x = \pm \frac{18{,}02}{\sqrt{40}} = \pm 2{,}85$

$M = 275{,}38 \pm 18{,}02$

zu schreiben:

$M = 275 \pm 18$ (d. h. $\pm 6{,}5\%$)

Daraus ergibt sich als instrumenteller Fehler der ganzen Bestimmung ein Fehler von:

$$\sqrt{1{,}5^2 + 0{,}5^2 + 0{,}5^2 + 0{,}2^2 + 0{,}2^2} = \sqrt{2{,}83} = 1{,}68 \text{ mm.}$$

Bei dem benutzten Apparat bedeutet 1 mm 31,5 ccm, also 1,68 mm bedeutet 52,92 oder rund 53 ccm.

[1]) Z. f. Biol. Bd. 86, S. 317—344, 1927.

Dieser Fehler wird bei einer Versuchsdauer von 10 Minuten gemacht. Der instrumentelle Fehler des Wertes für 1 Minute ist mithin $\pm$ 5,3 ccm oder rund $\pm$ 5 ccm.

Selbst wenn der Wert des Grundumsatzes in der Versuchsreihe als konstant angesehen werden könnte, hätte also die Angabe eines mittleren Fehlers des Mittelwertes von $\pm$ 2,85 oder rund $\pm$ 3 keine reale Bedeutung, da der unvermeidliche instrumentelle Fehler erheblich größer ist.

In diesem Falle läßt sich eine sachlich begründete Aufteilung der Versuche vornehmen, da eine Größe, die von Einfluß auf den Grundumsatz sein kann, in bekannter Weise in den Versuchen wechselt. Die Versuche 1—19 wurden bei gemischter Kost durchgeführt, die Versuche 20—37 bei eiweißarmer, fettfreier vegetarischer Kost, die Versuche 38—40 im Hunger.

Betrachten wir die 18 Versuche bei (sehr gleichmäßiger) vegetarischer Kost, so erhalten wir den Mittelwert 262 ccm und als mittleren Fehler der einzelnen Bestimmung $\pm$ 5,4 ccm, also fast genau den Fehler, den wir als instrumentellen Fehler errechnet haben. Der mittlere Fehler des Mittelwertes dieser 18 Versuche würde $\pm$ 1,27 ccm sein. Er hat keine reale Bedeutung. Die Abweichungen vom Mittel erscheinen rein als Ausdruck von Fehlern, es liegt kein Grund zu der Annahme vor, daß die Größe des Grundumsatzes selber variiert habe, daß ihr also eine meßbare Streuung zukäme.

Aus den 19 Versuchen bei gemischter Kost ergibt sich als Mittelwert 283 ccm, als mittlerer Fehler der einzelnen Bestimmung $\pm$ 16,3. In diesem Falle variieren die Werte also wesentlich stärker, als bei der sehr gleichmäßigen Kost in den 18 Versuchen mit vegetarischer Ernährung, und der mittlere Fehler der Einzelbestimmung ist nicht als instrumenteller Fehler allein aufzufassen, sondern es steckt in ihm auch eine Streuung um den Mittelwert. Wollten wir den mittleren Fehler des Mittelwertes der 19 Versuche angeben, der sich zu $\mu_x = \pm$ 3,75 berechnet, so hat das wieder keine reale Bedeutung, denn dieser Fehler ist wiederum geringer, als der instrumentelle Fehler; und andererseits ist deutlich, daß der Mittelwert eine Streuung hat, denn die Versuche zeigen ja, daß die Art der Ernährung von Einfluß auf den Grundumsatz ist, so daß konstante Werte nur bei gleichbleibender Ernährung zu erwarten sind, wie sie wohl in den 18 Versuchen mit vegetarischer Kost bestand, nicht aber in den 19 Versuchen bei frei gewählter gemischter Kost.

In den 3 Hungerversuchen ist der Sauerstoffverbrauch 305 ccm, der mittlere Fehler der einzelnen Bestimmung ist $\pm$ 16,3 ccm, der mittlere Fehler des Mittelwertes $\pm$ 9,45 ccm. In diesem Falle dürfte der mittlere Fehler des Mittelwertes vielleicht verwendet werden, da er erheblich höher ist, als der instrumentelle Fehler. Allerdings ist diese stärkere Abweichung vom Mittel wieder der Ausdruck einer Streuung, die dadurch bedingt ist, daß in den ersten Hungertagen das Stoffwechselmaterial sich erheblich ändert, indem die Kohlenhydrate vom zweiten Tage an stark im Umsatz zurücktreten.

Wir erhalten drei Werte für den Grundumsatz:

1. Grundumsatz bei sehr gleichmäßiger eiweißarmer und fettfreier Kost:

$$M_1 = 262 \pm 5\,,$$

2. Grundumsatz bei frei gewählter gemischter Kost (nicht gleichmäßig):

$$M_2 = 283 \pm 5\,,$$

3. Grundumsatz in den ersten Hungertagen:

$$M_3 = 305 \pm 9\,.$$

Wenn wir nunmehr entscheiden wollen, ob die Mittelwerte der einzelnen Versuchsreihen signifikant voneinander verschieden sind, so brauchen wir dazu die mittleren Fehler der Mittelwerte, denn der Sinn unserer Frage ist ja, ob die Unterschiede der Mittelwerte der Beobachtungsreihen so groß sind, daß sie nicht durch die Fehler (oder die Streuung) der Mittelwerte bedingt sein können. Wir haben die drei Wertpaare zu untersuchen:

$$M_1 = 262 \pm 1{,}27 \text{ und } M_2 = 283 \pm 3{,}75 \quad k = 5{,}3,$$
$$M_1 = 262 \pm 1{,}27 \text{ und } M_3 = 305 \pm 9{,}45 \quad k = 4{,}5,$$
$$M_2 - 283 \pm 3{,}75 \text{ und } M_3 = 305 \pm 9{,}45 \quad k = 2{,}18.$$

Beispiel für die Berechnung von k aus M_1 gegen M_2:

$$k = \frac{283 - 262}{\sqrt{1{,}27^2 + 3{,}75^2}} = \frac{21}{3{,}96} = 5{,}3\quad.$$

Demnach müssen die Unterschiede zwischen M_1 und M_2 sowie M_1 und M_3 sicher als signifikant betrachtet werden, während es zweifelhaft bleibt, ob der Unterschied zwischen M_2 und M_3 als signifikant zu bewerten ist.

Beispiel 4. Genauigkeit von Doppelbestimmungen des im Wasser gelösten Sauerstoffes.

In 40 Doppeltitrationen[1]) nach WINKLER, ausgeführt mit $^1/_{100}$ Thio-

---

[1]) Pflügers Arch. Bd. 201, S. 506/507, 1923.

sulfatlösung und Flaschen von etwa 200 ccm Inhalt wurden die folgenden Differenzen für den Sauerstoffgehalt eines Liters Wasser erhalten:

0,00—0,04 mg	23 mal,
> 0,04—0,08 mg	10 „ ,
> 0,08—0,12 mg	5 „ ,
> 0,12—0,16 mg	1 „ ,
> 0,16—0,20 mg	1 „ .

Der mittlere Fehler einer Doppelbestimmung berechnet sich (nach Gleichung 4 S. 15) folgendermaßen:

Δx	$(100\,\Delta x)^2$	n	$n \cdot (100 \cdot \Delta x)^2$	
0,02	4	23	92	$n = 40$
0,06	36	10	360	$\mu = \pm \sqrt{\frac{0{,}1472}{2 \cdot 40}}$;
0,10	100	5	500	
0,14	196	1	196	$\mu = \pm\, 0{,}043$ mg
0,18	324	1	324	

$$\sum n\,(100\,\Delta x)^2 = 1472$$
$$\sum n\,\Delta x^2 = 0{,}1472$$

In 50 Doppeltitrationen[1]), gleichfalls mit $^1/_{100}$ n-Thiosulfatlösung ausgeführt, wurden die folgenden Differenzen für den Sauerstoffgehalt eines Liters Wasser gefunden:

0,00—0,02 mg	24 mal,
> 0,02—0,04 mg	15 „ ,
> 0,04—0,06 mg	8 „ ,
> 0,06—0,08 mg	3 „ .

Der mittlere Fehler einer Doppelanalyse beträgt dann: $\pm\, 0{,}0225$ mg.

Δx	$(100\,\Delta x)^2$	n	$n\,(100\,\Delta x)^2$	
0,01	1	27	24	$n = 50$
0,03	9	15	135	$\mu = \pm \sqrt{\frac{0{,}0506}{2 \cdot 50}}$;
0,05	25	8	200	
0,07	49	3	147	$\mu = \pm\, 0{,}0225$ mg

$$\sum n\,(100\,\Delta x)^2 = 506$$
$$\sum n\,\Delta x^2 = 0{,}0506$$

Der instrumentelle Fehler einer Titration setzt sich zusammen aus:

1. Ablesefehler der Bürette, die in 0,1 ccm geteilt ist, so daß 0,05 ccm abgelesen werden können: $\pm\, 0{,}025$. Dieser Fehler kommt zweimal vor, bei der Anfangs- und Schlußablesung.

[1]) Arch. f. Hydrobiologie Bd. XVII, S. 606, 1926/27.

2. Unsicherheit in der Beurteilung der völligen Entfärbung: 0,1 ccm. 1 ccm $^1/_{100}$n-Thiosulfat entspricht 0,08 mg Sauerstoff.

Es sind die Fehler demnach 0,002 und 0,008 mg und der ganze instrumentelle Fehler ist:

$$\sqrt{0{,}002^2 + 0{,}002^2 + 0{,}008^2} = 0{,}0085 \text{ mg}.$$

Der instrumentelle Fehler für den Sauerstoffgehalt eines Liters ist in beiden Reihen verschieden. Bei Verwendung der Flaschen von 200 ccm beträgt er das 5fache, bei Flaschen von 300 ccm das 3,33-fache des Fehlers der Titration. Also:

in den ersten 40 Doppelbestimmungen 0,0425 mg,
in den zweiten 50 Doppelbestimmungen 0,0283 mg.

Der mittlere Fehler der einzelnen Doppelbestimmung betrug in den ersten 40 Doppeltitrationen ± 0,043 mg, war also genau gleich dem zu erwartenden instrumentellen Fehler. In der zweiten Reihe der 50 Doppelbestimmungen ist der mittlere Fehler ± 0,0225 mg. Da der instrumentelle Fehler ± 0,0283 mg beträgt, kann dem kleineren mittleren Fehler keine reale Bedeutung beigemessen werden, es ist vielmehr in dieser Reihe der Fehler auf ± 0,028 zu veranschlagen. In beiden Reihen ist jedenfalls die Methode mit der vollen erreichbaren Genauigkeit gehandhabt worden.

Die Abweichungen vom Mittel sind rein als Fehler, nicht als Streuung zu betrachten, wie es der Natur der Größe entspricht. Die Grenze der Genauigkeit ist dementsprechend durch den instrumentellen Fehler der Methode, nicht durch die Streuung der zu ermittelnden Größe gegeben.

Beispiel 5. ATWATER: „Versuche über die Gültigkeit des ersten Hauptsatzes bei den Energieumsetzungen im menschlichen Organismus.“

ATWATER[1]) faßt seine bekannten Untersuchungen über Stoff- und Kraftwechsel im menschlichen Körper folgendermaßen zusammen (a. a. O. S. 622): „Wir haben hier die Messungen von zwei Energien. Die erste stammt aus der Umwandlung gewisser Stoffe durch unmittelbare Oxydation mittels des Bombencalorimeters. Die zweite stammt aus der Umwandlung derselben Menge gleicher Stoffe durch mittelbare Vorgänge, aber mit schließlicher Oxydierung im Körper. Das Endprodukt beider, welches zur Messung gelangt, ist Wärme. Die in beiden Fällen gefundenen Quanten differieren um weniger als 1 : 1000.“

---

1) Ergebnisse d. Physiol. Bd. 3, S. 497—622, 1904.

Tabelle 4

Wärmeproduktion im Stoffwechsel des Menschen nach ATWATER.

Δx = Differenz zwischen beobachteter und geforderter Wärmemenge in kcal.

	Δx	Δx^2
1	− 103	10609
2	− 43	1849
3	− 70	4900
4	+ 37	1369
5	+ 18	324
6	+ 45	2025
7	+ 69	4761
8	+ 4	16
9	− 3	9
10	− 12	144
11	+ 91	8281
12	− 37	1369
13	+ 45	2025
14	+ 126	15876
15	+ 65	4225
16	− 32	1024
17	− 29	841
18	+ 3	9
19	+ 42	1764
20	− 2	4
21	+ 13	169
22	+ 40	1600
23	− 113	12769
24	+ 22	484
25	− 1	1
26	+ 72	5184
27	− 10	100
28	− 21	441
29	− 25	625
30	− 53	2809
31	− 57	3249
32	− 57	3249
33	− 96	9216
34	− 28	784
35	− 62	3844
36	+ 50	2500
37	+ 73	5329
38	− 95	9025
39	+ 45	2025
40	+ 75	5625
41	− 79	6241
42	+ 157	24649
43	− 32	1024
44	+ 74	5476
45	− 139	19321
		$\sum \Delta x^2 = 187164$

$s = 45$

$$\mu = \pm\sqrt{\frac{187164}{2 \cdot 45}} = \pm 45{,}6$$

$M = 3580$ kcal pro Tag

zu schreiben:

$M = 3580 \pm 46$ ($\pm$ 1,28%)

Ein mittlerer Fehler ist in den Untersuchungen nirgends angegeben; er sei im folgenden berechnet. Es sind 45 Versuche von je 3—4 Tagen Dauer ausgeführt. Für jeden Versuch liegt die Angabe der Differenz vor, die sich auf den beiden bezeichneten Wegen für zwei Größen ergibt, die in beiden Fällen gleich sein sollten. Zur Beurteilung der Genauigkeit benutzen wir die Gleichung für das Genauigkeitsmaß, abgeleitet aus der Differenz von Doppelbestimmungen. Wie die folgende Berechnung (Tab. 4) zeigt, ist der mittlere Fehler einer einzelnen Doppelbestimmung $\mu = \pm 45{,}6$. Der mittlere Energieumsatz beträgt 3580 kcal pro Tag. Diese Zahl ist also zu schreiben:

$$M = 3580 \pm 46 \text{ kcal } (\pm 1{,}28\,\%).$$

Der mittlere Fehler beträgt also nicht, wie ATWATER meint, weniger als 1 : 1000, sondern mehr als 1 : 100!

Einzelne Teile der ganzen Versuchsreihe geben kleinere, andere größere Fehler. So ergibt sich aus 13 Ruheversuchen (Tab. 5a) mit der Versuchsperson von E. O. (S. 554/555) ein mittlerer Fehler $\mu = \pm 38{,}07$. Der Mittelwert des Energieumsatzes ist in diesem Falle 2279 kcal, ist also zu schreiben:

$$M = 2280 \pm 38 \ (\pm 1{,}67\,\%).$$

Tabelle 5

Wärmeprodukion im Stoffwechsel des Menschen nach ATWATER.
Δx = Differenz zwischen beobachteter und geforderter Wärmemenge in kcal.

a) Ruheversuche mit der Versuchsperson E. O. (a. a. O. S. 554/555).

	Δx	Δx^2	
1	− 103	10609	$s = 13$
2	− 43	1849	
3	− 70	4900	$\mu = \pm\sqrt{\frac{37681}{2\cdot 13}} = \pm 38{,}07$
4	+ 37	1369	
5	+ 18	324	$M = 2279$
6	+ 45	2025	zu schreiben:
7	+ 69	4761	
8	+ 4	16	$M = 2280 \pm 38 \ (\pm 1{,}67\,\%)$
9	− 3	9	
10	− 12	144	
11	+ 91	8281	
12	− 37	1369	
13	+ 45	2025	
		$\sum \Delta x^2 = 37681$	

b) Arbeitsversuche mit Versuchsperson I. C. W.

	Δx	Δx^2	
32	− 57	3249	$s = 14$
33	− 96	9216	
34	− 28	784	$\mu = \pm\sqrt{\frac{98308}{2\cdot 14}} = \pm 35{,}11$
35	− 62	3844	
36	+ 50	2500	M = 5143
37	+ 73	5329	zu schreiben:
38	− 95	9025	
39	+ 45	2025	$M = 5140 \pm 35$
40	+ 75	5625	
41	− 79	6241	
42	+157	24649	
43	− 32	1024	
44	+ 74	5476	
45	− 139	19321	
		$\sum \Delta x^2 = 98308$	

Aus 14 Arbeitsexperimenten (Tab. 5b) mit der Versuchsperson J. C. W. läßt sich bei einem Mittelwerte des Umsatzes von 5143 kcal ein mittlerer Fehler $\mu = \pm 35{,}11$ ableiten. Diese Zahl ist also zu schreiben:

$$M = 5140 \pm 35 \quad (\pm 0{,}68\%).$$

Die Fragestellung in diesen großen und mit ungeheurer Sorgfalt durchgeführten Versuchen ist, ob bei den Oxydationen im menschlichen Körper der erste Hauptsatz ebenso genau gilt, wie bei Verbrennungen außerhalb des Körpers.

Tabelle 6

Wärmebildung durch Alkoholverbrennung im Respirationscalorimeter nach Atwater.

Δx = Differenz zwischen beobachteter und geforderter Wärmemenge in kcal.

	Δx	Δx^2	
1	52	2704	$s = 9$
2	43	1849	
3	25	625	$\mu = \pm\sqrt{\frac{6628}{2\cdot 9}} = \pm 18{,}6$
4	21	441	
5	2	4	$M = 4631$
6	8	64	zu schreiben:
7	16	256	
8	26	676	$M = 4630 \pm 19$ ($\pm 0{,}41\%$)
9	3	9	
		$\sum \Delta x^2 = 6628$	

Zur Entscheidung dieser Frage und gleichzeitig zur Prüfung der Fehler der Apparatur sind 9 Versuche heranzuziehen, in denen statt des atmenden Menschen sich eine Lampe in dem Respirationscalorimeter befand, in der Alkohol verbrannt wurde. In diesen Versuchen (Tab. 6) wurden im Mittel 4631 kcal umgesetzt, und der mittlere Fehler der einzelnen Bestimmung war $\pm$ 18,6 kcal. In diesem Fall wird die Verbrennungswärme des Alkohols als bekannt angenommen, das Gewicht der verbrannten Alkoholmenge als fehlerfrei bestimmt, und die aus diesen beiden Daten ermittelte Wärmemenge mit der direkt beobachteten verglichen. Das Resultat schreiben wir:

$$M = 4630 \pm 19 \ (\pm 0{,}41\%).$$

Fassen wir die Ergebnisse zusammen, so erhalten wir:

	Zahl der Versuche	Umsatz kcal pro Tag
Alkoholversuche	9	4630 $\pm$ 19 ($\pm$ 0,41%)
Energiebilanzversuche mit Menschen:		
a) Alle Versuche	45	3580 $\pm$ 46 ($\pm$ 1,28%)
b) Ruheversuche	13	2280 $\pm$ 38 ($\pm$ 1,67%)
c) Arbeitsversuche	14	5140 $\pm$ 35 ($\pm$ 0,68%)

Wir müssen also feststellen, daß die Genauigkeit, mit der sich der erste Hauptsatz in Atwaters Apparatur durch Verbrennung von Alkohol bestätigen läßt, in keiner der Versuchsserien am Menschen erreicht wurde. Selbst in der besten Reihe ist der mittlere Fehler, absolut betrachtet, fast doppelt so groß wie in den Versuchen mit Alkoholverbrennung, prozentual allerdings nur 17% größer. Im Mittel aller Versuche ist der Fehler absolut 2,42-mal, prozentual etwa dreimal so groß wie bei der Alkoholverbrennung.

Läßt sich die gleiche Genauigkeit der Bestimmung wie bei der Verbrennung von Alkohol also nicht erreichen, wenn die Oxydation im menschlichen Körper erfolgt, so zeigen die Versuche doch, daß es sich nicht um systematische Abweichungen vom ersten Hauptsatz handelt, sondern um unsystematische Fehler, denn die beobachteten Energiemengen sind ebenso oft zu groß, wie zu klein.

Atwater hat ja eigenartigerweise versucht, die hohe Genauigkeit seiner bewundernswerten Versuche dadurch zu zeigen, daß er alle beobachteten Differenzen unter Berücksichtigung des Vorzeichens addiert. Das ist die Probe auf die Verteilung der Fehler nach der Wahrscheinlichkeit, nicht eine Angabe des Genauigkeitsmaßes. Die Probe sollte Null ergeben, und in der Tat beträgt bei einem gesamten Umsatz von etwa 500000 kcal die Summe der Δx nur 55 kcal, ist also praktisch nicht von Null verschieden. Daß hier kein Mißverständnis vorliegt, daß vielmehr Atwater in dieser Probe auf die Verteilung der Fehler nach der Wahrscheinlichkeit wirklich einen Ausdruck für die Genauigkeit seiner Messungen sieht, geht aus den folgenden Sätzen hervor (S. 617): „Nimmt man alle Experimente der Tab. 41 (45 mit 143 Tagen) zusammen, so findet sich ein Unterschied von 55 Kalorien bei einer Gesamtsumme von etwa 500000 gleich 1 : 10000", und wenige Zeilen später (S. 618) in Sperrdruck: „Die Übereinstimmung der Durchschnittsresultate übertrifft bei weitem unsere ursprünglichen Erwartungen, und wir können keineswegs als sicher annehmen, daß zukünftige Resultate einen ebenso genauen Vergleich ergeben werden."

Die Ausführungen sollen nur zeigen, wie völlig es in der Biologie an einer Tradition in der sachlichen Beurteilung von Beobachtungsgenauigkeiten fehlt, denn nur dadurch ist es erklärbar, daß ein Mann von ATWATERS Bedeutung so irrtümliche Schlüsse aus der Tatsache ziehen konnte, daß die Summe der Fehler seiner Bestimmungen praktisch Null ist.

Wie gut sich die Verteilung der Fehler der GAUSSschen Fehlerkurve anschließt, zeigt die folgende Zusammenstellung.

Abweichungen vom Mittel	beobachtet	berechnet
$\pm 1\mu$	25	27
$\pm 2\mu$	14	11
$\pm 3\mu$	5	1,9
$\pm 4\mu$	1	0,1

III. Das Abhängigkeitsmaß

Die Tatsache, daß Größen, mit deren Hilfe wir Lebensvorgänge oder Zustände lebender Organismen kennzeichnen, eine Streuung um einen Mittelwert haben, deuten wir in dem Sinne, daß vielerlei Einflüsse auf den beobachteten Erfolg wirken und sich wie zufällige Ereignisse nach den Regeln der Wahrscheinlichkeit geltend machen.

Es ist die Aufgabe der Forschung, aus der großen, man darf sagen unbegrenzten Zahl der Umstände, die für ein Ergebnis bedeutungsvoll sind, die wichtigsten, d. h. zahlenmäßig wirksamsten, herauszuheben und in ihrer Wirkung abzuschätzen.

Beobachten wir nicht eine einzelne Größe, sondern verbinden wir die Feststellung ihres Zahlenwertes mit einer gleichzeitigen Ermittelung anderer Größen, die von Bedeutung für den Zahlenwert sein könnten, so erhalten wir ein Material, das aus zwei oder mehr Reihen besteht, von denen immer zwei oder mehr Glieder zusammengehören, insofern sie bei der gleichen Beobachtung gewonnen worden sind.

Die methodische Frage ist nun, ob eine Abhängigkeit zwischen den beobachteten Größen besteht.

Am einfachsten ist diese Frage zu beantworten, wenn es sich um den Fall handelt, den die klassische experimentelle Forschung bei der Anordnung von Versuchen zu realisieren trachtet. Das Prinzip besteht darin, daß alle Bedingungen der Beobachtung in allen Versuchen gleichgemacht werden mit Ausnahme der einen, deren Wirkung auf den Erfolg festgestellt werden soll.

Bei der unbegrenzt großen Anzahl von Bedingungen, die für einen Erfolg maßgebend sein können, ist eine solche Anordnung im strengen Sinne gar nicht möglich, doch läßt sie sich praktisch in sehr vielen Fällen verwirklichen, da vielfach nur eine ganz beschränkte Zahl von Bedingungen von derartigem Einfluß ist, daß er mit unseren Beobachtungsmitteln meßbar wird. In einem solchen Falle kann die Abhängigkeit der beiden beobachteten Größen durch eine bildliche Darstellung verdeutlicht werden, wie das ja in den biologischen Wissenschaften allgemein üblich ist. Die bildliche Darstellung läßt auch erkennen, ob zwischen den beiden beobachteten

Größen eine lineare Abhängigkeit besteht, oder richtiger, ob die Darstellung der Abhängigkeit durch eine gerade Linie zulässig erscheint, d. h. vereinbar mit den beobachteten Werten, oder ob eine irgendwie gekrümmte Linie die Abhängigkeit besser darstellt als eine gerade.

Die Ausgleichung der Beobachtungen, die bei einer solchen bildlichen Darstellung vorgenommen wird, erfolgt nach dem Augenmaß, und es fehlt an einem Kennzeichen für die Genauigkeit, mit der die Ausgleichslinie die Beobachtungen darstellt. Würde schon dieser Umstand die Anwendung einer Methode wünschenswert erscheinen lassen, die eine zahlenmäßige Aussage über die Enge der Beziehung zwischen zwei Größen gestattet, so tritt die Notwendigkeit, über die einfache graphische Darstellung hinauszugehen, unabweisbar hervor, wenn es nicht gelungen ist, den Zustand zu verwirklichen, den die Experimentalforschung anstrebt, d. h. wenn mehr als eine Bedingung in einer Beobachtungsreihe variiert und zwar in dem Umfange, daß ihre Variation von meßbarem Einfluß auf das Resultat ist.

Hier setzt die Korrelationsrechnung ein, die ein wertvolles, ja vielfach unentbehrliches Rüstzeug bedeutet, wenn es gilt, aus Reihen von gleichzeitig beobachteten Größen ihre sachlichen Beziehungen festzustellen.

Als Korrelation bezeichnen wir die Abhängigkeit zwischen zwei beobachteten Größen, die durch eine Zahl zum Ausdruck gebracht wird. Diese Zahl heißt das Abhängigkeitsmaß oder der Korrelationskoeffizient und wird mit dem Buchstaben r bezeichnet. Haben wir die beiden Größen x_1 und x_2 beobachtet, so wird die Abhängigkeit zwischen ihnen gemessen durch den Korrelationskoeffizienten r_{12}.

Der Zahlenwert des Korrelationskoeffizienten liegt zwischen den Grenzen Null und Eins. Ist das Abhängigkeitsmaß $r = 0$, so bedeutet das, daß keine Abhängigkeit zwischen den beiden beobachteten Größen besteht. Ist $r = 1$, so bedeutet das, daß die Größe x_1 eindeutig durch x_2 bestimmt ist oder auch umgekehrt x_2 eindeutig durch x_1. Liegt der Zahlenwert zwischen diesen beiden Größen, so bedeutet das, daß eine Beziehung besteht, daß aber die eine Größe durch die andere nur beeinflußt, nicht eindeutig bestimmt wird. Das Abhängigkeitsmaß r kann ein positives oder negatives Vorzeichen haben, kann also von $r = -1{,}0$ bis $r = +1{,}0$ alle Werte annehmen. Hat r ein positives Vorzeichen, so bedeutet das: wenn die Größe x_1 wächst, wächst auch x_2 und umgekehrt; hat r dagegen ein negatives Vorzeichen, so bedeutet das: wenn x_1 wächst, wird x_2 kleiner, und umgekehrt: wenn x_2 wächst, wird x_1 kleiner.

Die Korrelationsrechnung soll hier nur für den einfachen Fall durchgeführt werden, der dann gegeben ist, wenn zwischen den beiden Größen x_1 und x_2 eine lineare Abhängigkeit besteht. Es scheint, als ob durch diese Beschränkung ihre Anwendungsmöglichkeit stark vermindert wird, doch ist der Verlust nicht sehr groß; denn erstens ist der Fall der linearen Abhängigkeit sehr häufig, und zweitens können auch Abhängigkeiten, die nicht linear sind, nach dem folgenden Rechenschema behandelt werden, wenn zweierlei beobachtet wird: Jede Kurve läßt sich mit hinreichender Genauigkeit durch eine Anzahl von geraden Linien darstellen, die mit Winkeln aneinander grenzen. Für jedes Kurvenstück, das mit genügender Annäherung als Gerade betrachtet werden kann, ist dann die einfache, lineare Korrelationsrechnung anwendbar. Wichtiger noch ist der andere Gesichtspunkt, der das Anwendungsgebiet der linearen Korrelationsrechnung erweitert: wenn die Abhängigkeit zweier Größen durch eine Kurve dargestellt wird, die durch Logarithmieren in eine Gerade umgewandelt werden kann, so wird die lineare Korrelationsrechnung nicht mit der Größe x_1 selber, sondern mit ihrem Logarithmus durchgeführt.

Bevor wir das einfache Rechenschema geben, nach dem der Korrelationskoeffizient oder das Abhängigkeitsmaß berechnet wird, ist noch einiges über den Wert dieses Maßes zu sagen.

Da ist an erster Stelle zu betonen, daß das Abhängigkeitsmaß zunächst nur eine rein formale Bedeutung hat und keinerlei Schlüsse darüber zuläßt, welcher Art die Abhängigkeit ist, die durch einen Korrelationskoeffizienten zum Ausdruck kommt. Es handelt sich um eine Feststellung der mathematischen Statistik, aus der nicht zu ersehen ist, ob die beiden Größen, für die ein bestimmtes Abhängigkeitsmaß ermittelt wird, in unmittelbarer Abhängigkeit voneinander stehen, oder ob beide durch viele Zwischenglieder von derselben oder der gleichen Bedingung abhängen.

Bei der Anwendung der Korrelationsrechnung auf die Fragen der biologischen Forschung liegt allerdings vielfach die Sache etwas günstiger, da es sich in gewissem Sinne um eine Umkehrung der Aufgabe handelt, die für die Statistik unlösbar ist.

Während die Statistik es ablehnen muß, aus der bloßen Ermittelung eines einfachen Korrelationskoeffizienten r_{12} etwas über die Art der Abhängigkeit der Größen x_1 und x_2 zu sagen, liegt bei der Anwendung in der Biologie die Sache meist so, daß bereits auf Grund bestimmter sachlicher Vorstellungen eine Beziehung zwischen zwei Größen vermutet wird und die Beobachtung zur Prüfung dieser Vermutung dienen soll. Immerhin ist keine Sicherheit gegeben, daß eine gefundene Abhängigkeit nicht auch nur einen rein statistischen Grund hat und nichts mit der Beziehung zu tun hat, nach der in den Versuchen gefragt wurde.

1. Korrelation zwischen zwei Größen[1])

Beispiel 6. Korrelation zwischen dem Sauerstoffverbrauch pro Maßeinheit in der Zeiteinheit und der Temperatur.

Als Material dienen Versuche über den Sauerstoffverbrauch des Blutegels[2]) bei einem Sauerstoffdruck, der genügende Versorgung sichert, und bei Temperaturen zwischen 5,5 und 26,5°. Es bezeichnet x_1 die Temperatur in °C, x_2 den Sauerstoffverbrauch pro kg/Stunde in Milligramm.

Es müssen zunächst für beide Reihen die Rechenoperationen ausgeführt werden, durch die Mittelwert und Streuung ermittelt werden. Es werden also die Differenzen gegen den Mittelwert gebildet (die Werte Δx_1 und Δx_2), darauf deren Quadrate (Δx_1^2 und Δx_2^2) und aus der Summe der Quadrate (nach Gleichung (2) s. S. 14) die Größe der Streuung für die Reihen, d. h. die Zahlen σ_1 und σ_2 berechnet (Tab. 7).

Tabelle 7

Sauerstoffverbrauch des Blutegels

x_1 = Temperatur °C,

x_2 = Sauerstoffverbrauch in mg pro kg/Stunde.

	x_1	x_2	Δx_1	Δx_2	$\Delta x_1 \cdot \Delta x_2$	Δx_1^2	Δx_2^2
1	5,5	16,1	− 8,8	− 91	+ 800	77,44	8281
2	5,6	14,9	− 8,7	− 92	+ 800	75,69	8464
3	6,2	18,8	− 8,1	− 88	+ 712	65,61	7744
4	8,4	32,5	− 5,9	− 74	+ 437	34,81	5476
5	9,0	32,1	− 5,3	− 75	+ 398	28,09	5625
6	10,5	37,1	− 3,8	− 70	+ 266	14,44	4900
7	16,1	88,5	+ 1,8	− 18	− 32,5	3,24	324
8	16,6	91,0	+ 2,3	− 16	− 37,0	5,29	256
9	17,1	94,0	+ 2,8	− 13	− 36,5	7,84	196
10	18,8	122,0	+ 4,5	+ 15	+ 68	20,25	225
11	19,8	162,0	+ 5,5	+ 55	+ 303	30,25	3025
12	20,0	167,0	+ 5,7	+ 60	+ 341	32,49	3600
13	20,7	187,0	+ 6,4	+ 80	+ 511	40,96	6400
14	26,5	436,0	+ 12,2	+ 329	+ 4000	148,84	108241
			− 40,6	− 537	+ 8636	$\sum = 585{,}24$	$\sum = 162757$
			+ 41,2	+ 539	− 106		
			+ 0,6	+ 2	$\sum = + 8530$		

$M_1 = 14{,}3$ $\quad M_2 = 107$ $\quad \sigma_1 = \pm 6{,}74$ $\quad \sigma_2 = \pm 112$

$$\vartheta = \frac{81{,}8}{14} = 5{,}82 \qquad \vartheta = \frac{1076}{14} = 77.$$

[1]) Vgl. hierzu, wie bei der partiellen Korrelationsrechnung, die kleine vorzügliche Darstellung von Felix M. Exner: Über die Korrelationsmethode. G. Fischer, Jena 1913, 36 S.

[2]) Z. f. allgem. Physiol. Bd. 16, 1914, S. 574—627.

Zahl der Versuche $n = 14$

$$r_{12} = \frac{+8530}{14 \cdot 6{,}74 \cdot 112} = +0{,}807 \qquad b_{21} = +13{,}4 \pm 1{,}5$$

$$\mu_{12} = \pm \frac{1 - 0{,}807^2}{\sqrt{14}} = \pm 0{,}0935 \qquad b_{12} = +0{,}0483 \pm 0{,}006$$

Zu schreiben: $\underline{r_{12} = +0{,}81 \pm 0{,}09}$

Um die Frage zu entscheiden, ob zwischen den Zahlenwerten beider Reihen eine Korrelation besteht, sind noch folgende Operationen auszuführen:

1. Es wird das Produkt der Differenzen $\Delta x_1 \cdot \Delta x_2$ gebildet. Hierbei sind die Vorzeichen zu berücksichtigen. Man schreibt am besten die positiven und negativen Werte je in eine Reihe untereinander.

2. Die Produkte der Differenzen $\Delta x_1 \cdot \Delta x_2$ werden addiert, die positiven und negativen Werte gesondert und der kleinere von dem größeren subtrahiert. Der resultierende Endwert, den wir $\sum \Delta x_1 \cdot \Delta x_2$ nennen, kann positiv oder negativ sein. In unserem Falle ist $\sum \Delta x_1 \cdot \Delta x_2 = +8530$.

3. Die Regel für die Berechnung des Korrelationskoeffizienten r_{12} lautet nun: Die Summe der Produkte der Differenzen ist zu dividieren durch eine Zahl, die man erhält, wenn man die Anzahl der Beobachtungen n mit den beiden Streuungen σ_1 und σ_2 multipliziert. Als Formel geschrieben ist der Korrelationskoeffizient:

$$r_{12} = \frac{\sum \Delta x_1 \cdot \Delta x_2}{n \cdot \sigma_1 \cdot \sigma_2} . \qquad (11)$$

In unserem Falle ist $n = 14$; $\sigma_1 = \pm 6{,}74$; $\sigma_2 = \pm 112$. Der Korrelationskoeffizient berechnet sich danach zu: $r_{12} = +0{,}807$.

4. Auch für diesen Wert muß ein Genauigkeitsmaß angegeben werden. Wir wählen dafür wieder den mittleren Fehler (μ) und berechnen ihn nach der Formel:

$$\mu = \frac{1 - r^2}{\sqrt{n}} , \qquad (12)$$

in unserem Falle also:

$$\mu = \frac{1 - 0{,}807^2}{\sqrt{14}} = \frac{0{,}3488}{3{,}74} = 0{,}093 .$$

Der Korrelationskoeffizient ist demnach zu schreiben:

$$r_{12} = +0{,}807 \pm 0{,}093$$

oder besser:

$$r = +0{,}81 \pm 0{,}09 .$$

Es besteht demnach eine positive Korrelation zwischen der Größe des Sauerstoffverbrauches und der Temperatur, d. h. wenn die Temperatur steigt, steigt auch der Sauerstoffverbrauch.

5. Diese Feststellung genügt uns aber in den meisten Fällen nicht, wir wollen vielmehr Antwort auf die Frage haben, um wieviel der Sauerstoffverbrauch steigt, wenn die Temperatur um eine Einheit, also um 1^0 ansteigt.

Die Antwort auf diese ganz grundlegend wichtige Frage gibt der Regressionskoeffizient, der stets mit dem Buchstaben b bezeichnet wird. Es ist zu beachten, daß zu einem Korrelationskoeffizienten stets zwei Regressionskoeffizienten gehören, deren Sinn nicht identisch ist (s. u.).

Unsere Frage, in der eben gegebenen Formulierung, enthält schon die Bezeichnung eines dieser beiden Werte. Wir fragen, um wieviel der Sauerstoffverbrauch steigt, wenn die Temperatur um 1^0 zunimmt. Das bedeutet, daß wir die Temperatur als die unabhängige und den Sauerstoffverbrauch als die abhängige Variable betrachten. In unserem Falle wird das die sachlich gegebene Auffassung sein. Wir könnten aber formal ebenso gut fragen, um wieviel in unserem Material die Temperatur steigt, wenn der Sauerstoffverbrauch um 1 ccm wächst.

Auf die erste — sachlich richtige — Frage antwortet der Regressionskoeffizient b_{21}, auf die formal mögliche zweite der Regressionskoeffizient b_{12}.

Die beiden Werte werden berechnet nach der Formel:

$$b_{21} = r_{12} \cdot \frac{\sigma_2}{\sigma_1}; \qquad b_{12} = r_{12} \cdot \frac{\sigma_1}{\sigma_2} \cdot \tag{13}$$

In unserem Falle ist $b_{21} = + 13{,}4$; $b_{12} = + 0{,}0483$. Das Vorzeichen der Regressionskoeffizienten ist gleich dem des Korrelationskoeffizienten.

6. Auch für den Regressionskoeffizienten muß ein Genauigkeitsmaß angegeben werden. Seine Genauigkeit ist prozentual gleich der des Korrelationskoeffizienten. Ist die Streuung von r_{12} mit μ bezeichnet, so ist die des Regressionskoeffizienten b_{21} zu berechnen aus

$$\frac{\mu}{r_{12}} \cdot b_{21} \quad , \tag{14a}$$

die des Koeffizienten b_{12} aus

$$\frac{\mu}{r_{12}} \cdot b_{12} \quad . \tag{14b}$$

In unserem Falle lauten dann die beiden Regressionskoeffizienten $b_{21} = + 13{,}4 \pm 1{,}5$; $b_{12} = + 0{,}048 \pm 0{,}006$. Die Bedeutung dieser

Zahlen ist: Wenn die Temperatur um 1° steigt, steigt der Sauerstoffverbrauch um 13,4 ± 1,5 ccm. Wenn der Sauerstoffverbrauch um 1 ccm steigt, steigt die Temperatur um 0,048 ± 0,006°.

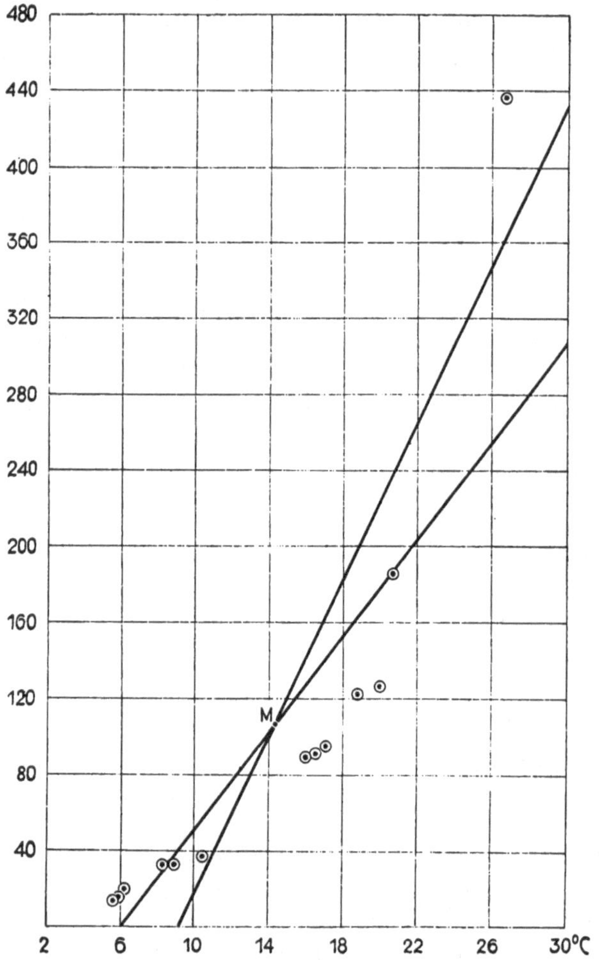

Fig. 6. ⊙ beobachtete Werte für den Sauerstoffverbrauch des Blutegels. Abszisse: Temperatur in ° C. Ordinate: Sauerstoffverbrauch pro kg/Stunde in mg. M = Schnittpunkt der beiden Regressionslinien.

Graphisch dargestellt entspricht jedem Regressionskoeffizienten eine gerade Linie. Wir wollen die beiden Regressionslinien in Fig. 6 darstellen. Dem Mittelwert der Temperatur $M_1 = 14{,}3^0$ entspricht der Mittelwert des Sauerstoffverbrauches $M_2 = 107$. Das ist der

Punkt, der beiden Regressionslinien gemeinsam ist, in dem sie sich schneiden (in Fig. 6 mit M bezeichnet).

Die Linie, die dem b_{21} entspricht, muß so verlaufen, daß einer Temperaturabnahme von 1^0 eine Abnahme des Wertes des Sauerstoffverbrauches um 13,4 ccm entspricht. Nimmt also die Temperatur um $107 : 13{,}4 = 7{,}98^0$ ab, so wäre der Sauerstoffverbrauch gleich Null. Der zweite Punkt der Regressionslinie b_{21} liegt also auf der Abszissenachse und zwar um $7{,}98^0$ von $14{,}3^0$ entfernt, d. h. bei $6{,}32^0$. Für die Regressionslinie b_{12} konstruieren wir den zweiten Punkt, der auf der Abszissenachse liegt, indem wir feststellen, daß einem Sauerstoffverbrauch Null eine Temperatur entspricht, die um $107 \cdot 0{,}0483 = 5{,}17^0$ unter der Temperatur des Mittelwertes ($14{,}3^0$) liegt, d. h. bei $9{,}13^0$.

Zeichnen wir jetzt auf Fig. 6 die beobachteten Punkte ein, die je durch ein Wertpaar von x_1 und x_2 bestimmt sind, so sehen wir, daß keine der beiden Regressionslinien in befriedigender Weise eine graphische Ausgleichung der Beobachtungen gibt. Der Fall ist absichtlich so gewählt. Für die formale Durchführung der Rechnung ist das Ergebnis gleichgültig. Wenn wir zur sachlichen Bewertung des Resultates übergehen, so müssen wir es als unbefriedigend erklären.

Die wenig gute Ausgleichung der Punkte durch eine lineare Ausgleichsrechnung kann daran liegen, daß die Beziehung zwischen Temperatur und Sauerstoffverbrauch keine lineare ist. In diesem Falle wissen wir schon aus zahlreichen anderen Erfahrungen, daß der Sauerstoffverbrauch voraussichtlich exponentiell mit der Temperatur steigen wird. Ist das der Fall, dann müssen die Logarithmen der Zahlen, die die Größe des Sauerstoffverbrauches messen, in linearer Beziehung zur Temperatur stehen. Wir wiederholen jetzt die ganze Korrelationsrechnung nur mit dem Unterschied, daß wir für x_2 die Logarithmen der Größe des Sauerstoffverbrauches wählen.

Die für diese Rechnung neu zu bildenden Werte gibt Tab. 8. Das Rechnungsschema bleibt das gleiche. Der Korrelationskoeffizient ist jetzt $r_{12} = + 0{,}92 \pm 0{,}04$.

Die beiden Regressionskoeffizienten sind $b_{21} = + 0{,}0619 \pm 0{,}0028$ und $b_{12} = + 13{,}7 \pm 0{,}62$. Die Beziehung zwischen der Temperatur und dem Logarithmus des Sauerstoffverbrauches ist viel enger, als die zwischen der Temperatur und dem Sauerstoffverbrauch selbst. Jene wurde gemessen durch $r_{12} = + 0{,}81 \pm 0{,}09$, diese durch $r_{12} = + 0{,}92 \pm 0{,}04$. Die Streuung des ersten Wertes beträgt $10{,}4\%$, die des zweiten nur $4{,}35\%$. Der Sinn des Regressionskoeffizienten b_{21} ist: wenn die Temperatur um 1^0 wächst, wächst der Logarithmus des Sauerstoffverbrauches um + 0,0619 ± 0,0028. Berechnen wir auf Grund dieser Beziehung die Größe des Sauerstoffverbrauches bei verschiedenen Temperaturen, so gibt die Linie, die die berechneten Punkte verbindet, eine ganz ausgezeichnete Ausgleichung der beobachteten Punkte, wie Fig. 7 zeigt.

Tabelle 8.

Sauerstoffverbrauch des Blutegels.

x_1 = Temperatur °C zu entnehmen aus Tab. 7.

x_2 = log des Sauerstoffverbrauchs in mg pro kg/Stunde.

	x_2	Δx_2	Δx_1	$\Delta x_1 \cdot \Delta x_2$	Δx_2^2
1	1,2068	− 0,6182	− 8,8	+ 5,43	0,3820
2	1,1732	− 0,6518	− 8,7	+ 5,69	0,4245
3	1,2742	− 0,5508	− 8,1	+ 4,46	0,3030
4	1,5119	− 0,3131	− 5,9	+ 1,85	0,0980
5	1,5065	− 0,3185	− 5,3	+ 1,69	0,1014
6	1,5694	− 0,2556	− 3,8	+ 0,98	0,0653
7	1,9469	+ 0,1219	+ 1,8	+ 0,22	0,0148
8	1,9590	+ 0,1340	+ 2,3	+ 0,31	0,0180
9	1,9731	+ 0,1481	+ 2,8	+ 0,42	0,0219
10	2,0864	+ 0,2614	+ 4,5	+ 1,18	0,0683
11	2,2095	+ 0,3845	+ 5,5	+ 2,11	0,1478
12	2,2227	+ 0,3977	+ 5,7	+ 2,26	0,1580
13	2,2718	+ 0,4468	+ 6,4	+ 2,87	0,1996
14	2,6395	+ 0,8145	+ 12,2	+ 9,95	0,6632
				$\sum = +39{,}42$	$\sum = 2{,}6658$

$M_1 = 14{,}3$ $\sigma_1 = \pm 6{,}74$ $n = 14$ $\sigma_2 = \pm 0{,}453$

$M_2 = 1{,}8250$ $\sigma_2 = \pm 0{,}453$

$$r_{12} = \frac{+39{,}42}{14 \cdot 0{,}453 \cdot 6{,}74} = +0{,}92 \qquad b_{21} = +0{,}0619 \pm 0{,}0028$$

$$\mu_{12} = \frac{1 - 0{,}92^2}{\sqrt{14}} = \pm 0{,}0415 \qquad b_{12} = +13{,}7 \pm 0{,}62$$

Zu schreiben: $r_{12} = +0{,}92 \pm 0{,}04$

Das Resultat der Korrelationsrechnung können wir natürlich auch leicht in der üblichen Form durch Angabe des Wertes Q_{10} aussprechen. Eine Temperaturerhöhung um 10° läßt den Logarithmus um 0,619 ± 0,028 steigen; num. log 0,619 = 4,2. Es ergibt sich also aus der Rechnung, daß $Q_{10} = 4{,}2 \pm 0{,}3$ ist.

2. Partielle Korrelationsrechnung

Die partielle Korrelationsrechnung stellt das wichtigste Kapitel der Lehre vom Abhängigkeitsmaß dar.

Wenn die Abhängigkeit einer Größe x_1 von einer und nur einer weiteren x_2 untersucht wird, so liefert schon die graphische

Darstellung und die Ausgleichung der dargestellten Punkte nach dem Augenmaß eine gute Einsicht in die Abhängigkeit beider. Da die Lösung dieser Aufgabe die Auswertung der Beobachtungsreihen

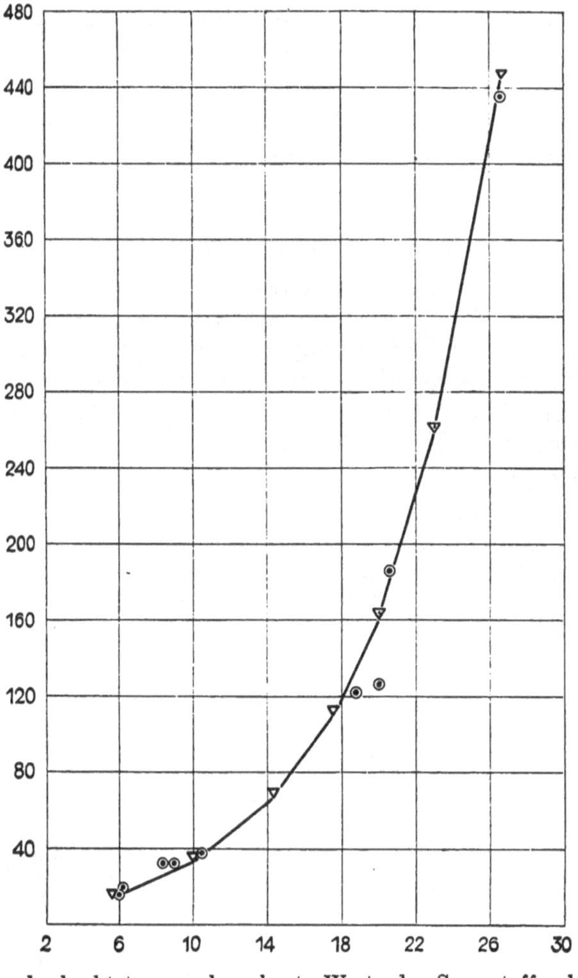

Fig. 7. ⊙ = beobachtete, ▽ = berechnete Werte des Sauerstoffverbrauches des Blutegels pro kg/Stunde in mg.

klassischer Experimente bedeutet, in denen nur eine unabhängige und eine abhängige Variable vorhanden sein sollen, so bestand lange Zeit kein Bedürfnis nach einer allgemeinen Methode, die es erlaubt, die Beziehungen von zwei oder mehr Größen zueinander klarzulegen, die alle in einer Beobachtungsreihe nebeneinander variieren. Mit der

Erweiterung des zahlenmäßig festgelegten Beobachtungsmaterials treten auch in der Biologie immer mehr Fälle auf, in denen sich die beobachteten Vorgänge oder Zustände in bezug auf mehrere Größen gleichzeitig ändern. Sollen solche Reihen verarbeitet werden, so bietet die partielle Korrelationsrechnung die Methode der Wahl, indem sie in vielen — nicht in allen — Fällen eine rechnerische Trennung der Wirkung der verschiedenen Faktoren gestattet, deren reale Trennung im Experiment nicht möglich war. Der Gang der Rechnung und der Sinn der Resultate soll an zwei Beispielen erläutert werden.

3. Korrelation zwischen drei Größen

Beispiel 7. Da das Rechenschema sich schon an kurzen Beobachtungsreihen erläutern läßt, wähle ich solche zur Demonstration.

Es wurde in der Kolloidfraktion normaler menschlicher Tagesharne die Menge der organischen Substanz, die Menge des Harnstoffs und der Chondroitinschwefelsäure bestimmt. Die Menge des Organischen vermindert um Harnstoff und Chondroitinschwefelsäure nennen wir Kolloidgemisch B.[1])

Es bedeuten im folgenden:

x_1: Harnstoff in der Kolloidfraktion in mg pro Stunde;

x_2: Kolloidgemisch B in mg pro Stunde;

x_3: Chondroitinschwefelsäure in mg pro Stunde.

Gefragt wird, ob zwischen der Menge des Harnstoffes und der der beiden anderen Größen eine Korrelation besteht.

Es sind zunächst die beiden einfachen Korrelationsrechnungen zwischen x_1 und x_2 und x_1 und x_3 auszuführen und dann die Korrelation zwischen x_2 und x_3 (Tab. 9).

Es ergeben sich dann drei Korrelationskoeffizienten, die geschrieben werden: r_{12}; r_{13}; r_{23}.

Die neue Frage ist die: wie verändert sich die Beziehung zwischen x_1 und x_2, wenn berücksichtigt wird, daß beide Größen auch eine Beziehung zu x_3 haben?

Oder mit anderen Worten: wie würde sich die Beziehung zwischen x_1 und x_2 gestalten, wenn x_3 konstant wäre, d. h. also, wenn die Veränderungen eliminiert sind, die die tatsächlich vorkommenden Schwankungen der Größe von x_3 zur Folge haben? Die analoge Frage ist natürlich auch für die Beziehungen von x_1 zu x_3 und x_2 zu x_3 zu stellen. Die Antwort auf diese Frage ist durch ein Rechenverfahren zu geben, das ausschließlich mit den drei Korrelationskoeffizienten operiert.

---

[1]) A. Pütter: Die Sekretionsmechanismen der Niere, 1929 bei W. de Gruyter.

Tabelle 9

x_1 = Harnstoff im Harnkolloid mg/Stunde.
x_2 = Kolloidgemisch B mg/Stunde.
x_3 = Chondroitinschwefelsäure mg/Stunde.

Harn	x_1	x_2	x_3	Δx_1	Δx_2	Δx_3	Δx_1^2	Δx_2^2	Δx_3^2
M	35,0	97,5	6,8	+12,6	+ 5,8	+1,3	158,76	33,64	1,69
S	13,6	73,9	6,5	− 8,8	−17,8	+1,0	77,44	316,84	1,00
I	31,7	120,4	3,8	+ 9,3	+28,7	−1,7	86,49	823,69	2,89
R	9,3	75,1	4,9	−13,1	−16,6	−0,6	171,61	275,56	0,36

$M_1 = 22{,}4$ $M_2 = 91{,}7$ $M_3 = 5{,}5$ $\sigma_1 = \pm 11{,}1$ $\sigma_2 = \pm 19{,}037$ $\sigma_3 = \pm 1{,}218$

Harn	$\Delta x_1 \cdot \Delta x_2$	$\Delta x_1 \cdot \Delta x_3$	$\Delta x_2 \cdot \Delta x_3$
M	+ 73,08	+16,38	+ 7,54
S	+156,64	− 8,80	− 17,8
I	+266,91	− 15,81	− 48,79
R	+218,25	+ 7,86	+ 9,96
	$\sum$ = +714,88	− 24,61	− 66,59
		+24,24	+17,50
		$\sum$ = − 0,37	$\sum$ = − 49,09

$r_{12} = +\,0{,}84577 \pm 0{,}142$ $1 - r_{12}^2 = 0{,}28468$ $\sigma_1 = \pm 11{,}1$ $\sigma_{1,23} = \pm 1{,}37$
$r_{13} = -\,0{,}00684 \pm 0{,}499$ $1 - r_{13}^2 = 0{,}99995$ $\sigma_2 = \pm 19{,}037$ $\sigma_{2,13} = \pm 1{,}98$
$r_{23} = -\,0{,}52902 \pm 0{,}36$ $1 - r_{23}^2 = 0{,}72012$ $\sigma_3 = \pm 1{,}2186$ $\sigma_{3,12} = \pm 0{,}537$

$r_{12,3} = +\,0{,}992[34] \pm 0{,}00763$ $1 - r_{12,3}^2 = 0{,}01526$ $b_{12,3} = +\,0{,}692 \pm 0{,}0053$
$r_{13,2} = +\,0{,}973[08] \pm 0{,}0265$ $1 - r_{13,2}^2 = 0{,}05311$ $b_{13,2} = +\,2{,}57 \pm 0{,}027$
$r_{23,1} = -\,0{,}980[73] \pm 0{,}0191$ $1 - r_{23,1}^2 = 0{,}0382$ $b_{23,1} = -\,3{,}69 \pm 0{,}072$

$$R_{1,23} = \sqrt{1 - \frac{1{,}37^2}{11{,}1^2}} \;;$$

$$R_{1,23} = 0{,}999 \;.$$

Wir erhalten durch diese Rechnung drei partielle Korrelationskoeffizienten, die zu schreiben sind: $r_{12,3}$; $r_{13,2}$; $r_{23,1}$. Diese Schreibung bedeutet stets, daß die Größe, die hinter dem Komma steht, konstant bleibt. Der partielle Korrelationskoeffizient $r_{12,3}$ ist also das Abhängigkeitsmaß für die Größen x_1 und x_2, wenn x_3 konstant ist.

Die drei partiellen Korrelationskoeffizienten werden berechnet nach den Gleichungen:

$$r_{12,3} = \frac{r_{12} - r_{13} \cdot r_{23}}{\sqrt{(1 - r_{13}^2) \cdot (1 - r_{23}^2)}}\,, \tag{15a}$$

$$r_{13,2} = \frac{r_{13} - r_{12} \cdot r_{23}}{\sqrt{(1 - r_{12}^2) \cdot (1 - r_{23}^2)}}\,, \tag{15b}$$

$$r_{23,1} = \frac{r_{23} - r_{12} \cdot r_{13}}{\sqrt{(1 - r_{12}^2) \cdot (1 - r_{13}^2)}}\,. \tag{15c}$$

Die Streuung jedes dieser partiellen Korrelationskoeffizienten ist nach Gleichung (12) zu berechnen.

Die Betrachtung der drei einfachen und der drei partiellen Abhängigkeitsmaße zeigt in diesem Falle ein sehr bedeutsames Verhalten.

Nach der einfachen Korrelationsrechnung besteht zwischen x_1 und x_2 eine deutliche Beziehung, gemessen durch $r_{12} = +0{,}8458 \pm 0{,}142$. Zwischen x_1 und x_3 besteht gar keine Beziehung, denn es ist $r_{13} = -0{,}0068 \pm 0{,}499$. Die Abhängigkeit zwischen x_2 und x_3 ist durch den negativen Korrelationskoeffizienten $r_{23} = -0{,}529 \pm 0{,}36$ gemessen. Ob diesem Abhängigkeitsmaß eine reale Bedeutung zukommt, ist mindestens zweifelhaft, denn die Streuung beträgt 68% des Wertes von r. Auf Grund dieser einfachen Korrelationsrechnungen würde man also als real nur eine positive Korrelation zwischen der Menge des Harnstoffes und der Menge des Kolloidgemisches B ansehen. Die partielle Korrelationsrechnung ändert das Bild gründlich. Das Abhängigkeitsmaß $r_{12,3} = +0{,}9923 \pm 0{,}0076$ bedeutet, daß die Beziehung zwischen x_1 und x_2 ganz außerordentlich viel enger wird, wenn x_3 konstant ist. Der Sinn der Korrelation bleibt der gleiche. Ist andererseits x_2 konstant, so zeigt sich jetzt eine enge positive Korrelation zwischen x_1 und x_3, gemessen durch $r_{13,2} = +0{,}973 \pm 0{,}026$, während die einfache Korrelation real keine, formal eine negative ergeben hatte. Bei konstantem x_1 zeigen auch x_2 und x_3 eine enge Abhängigkeit und zwar eine negative: $r_{23,1} = -0{,}9807 \pm 0{,}0191$. Sie bedeutet, daß bei konstanter Harnstoffmenge einer steigenden Menge Kolloidgemisches B eine fallende der Chondroitinschwefelsäure entspricht.

Sollen jetzt auch in diesem Falle die Regressionskoeffizienten berechnet werden, so ist dazu zunächst erforderlich, anzugeben, wie groß die Streuungen σ jeder einzelnen Beobachtungsreihe sein würden, wenn die beiden anderen Reihen konstant wären. Die partiellen Streuungen schreiben wir $\sigma_{1,23}$; $\sigma_{2,13}$ und $\sigma_{3,12}$.

Die Berechnung erfolgt nach den Gleichungen:

$$\left.\begin{aligned} \sigma_{1,23} &= \sigma_1 \cdot \sqrt{1 - r_{12}^2} \cdot \sqrt{1 - r_{13,2}^2} \\ \sigma_{2,13} &= \sigma_2 \cdot \sqrt{1 - r_{12}^2} \cdot \sqrt{1 - r_{23,1}^2} \\ \sigma_{3,12} &= \sigma_3 \cdot \sqrt{1 - r_{13}^2} \cdot \sqrt{1 - r_{23,1}^2} \end{aligned}\right\} . \qquad (16)$$

Den Sinn dieser partiellen Streuungen können wir so deuten: Die Größe x_1 variiert in Abhängigkeit von x_2 und x_3, aber auch wenn diese beiden Größen konstant wären, würde x_1 immer noch mit einer Streuung behaftet sein. Diese Streuung könnte rein der Ausdruck der Fehler der Bestimmungsmethode sein, könnte aber auch davon herrühren, daß noch andere Größen als x_2 und x_3 auf den Zahlenwert von x_1 Einfluß hätten, Größen $x_4, x_5 \ldots x_n$, die in unseren Beobachtungen nicht ermittelt worden sind.

An Regressionskoeffizienten erhalten wir für jeden partiellen Korrelationskoeffizienten zwei, im ganzen also sechs. Ihre Bezeichnung und Berechnung geben die folgenden Gleichungen:

$$\left.\begin{aligned} b_{12,3} &= r_{1,23} \cdot \frac{\sigma_{1,23}}{\sigma_{2,13}}\,; & b_{21,3} &= r_{12,3} \cdot \frac{\sigma_{2,13}}{\sigma_{1,23}} \\ b_{13,2} &= r_{2,13} \cdot \frac{\sigma_{1,23}}{\sigma_{3,12}}\,; & b_{31,2} &= r_{13,2} \cdot \frac{\sigma_{3,12}}{\sigma_{1,23}} \\ b_{23,1} &= r_{23,1} \cdot \frac{\sigma_{2,13,}}{\sigma_{3,12}}\,; & b_{32,1} &= r_{23,1} \cdot \frac{\sigma_{3,12}}{\sigma_{2,13}} \end{aligned}\right\} . \tag{17}$$

In diesem Falle ist aus sachlichen Gründen zu entnehmen, daß x_2 und x_3 die unabhängigen Variabeln sind, x_1 dagegen die abhängige. Unsere sachliche Frage lautet also: um wieviel ändert sich x_1, wenn x_2 um eine Einheit variiert (bei konstantem x_3) und wenn x_3 um eine Einheit variiert (bei konstantem x_2). Die Antwort geben die beiden Regressionskoeffizienten $b_{12,3} = + 0{,}692 \pm 0{,}005$ und $b_{13,2} = + 2{,}57 \pm 0{,}027$. Der dritte partielle Regressionskoeffizient $b_{23,1}$ hat sachlich keine Bedeutung, ebensowenig die Umkehrungen aller drei Regressionskoeffizienten. In der Beziehung $r_{23,1}$ (und ebenso natürlich $b_{23,1}$) kommt nur eine Zufälligkeit der Beobachtungsreihe zum Ausdruck.

Eine letzte Frage, die bei einer derartigen Korrelationsrechnung zu stellen ist, ist die, wie genau die abhängige Variable, also in unserem Falle x_1, durch die beiden unabhängigen Variabeln x_2 und x_3 bestimmt wird.

Die Antwort hierauf gibt der gemeinsame Korrelationskoeffizient, den wir R schreiben. Die Gleichungen für die drei formal möglichen Werte von R lauten:

$$\left.\begin{aligned} R_{1,23} &= \sqrt{1 - \frac{\sigma_{1,23}^2}{\sigma_1^2}} \\ R_{2,13} &= \sqrt{1 - \frac{\sigma_{2,13}^2}{\sigma_2^2}} \\ R_{3,12} &= \sqrt{1 - \frac{\sigma_{3,12}^2}{\sigma_3^2}} \end{aligned}\right\} . \tag{18}$$

In unserem Falle ist

$$R_{1,23} = \sqrt{1 - \frac{1{,}37^2}{11{,}12^2}} = 0{,}999 \quad .$$

Da schon $r_{12,3} = + 0{,}992 \pm 0{,}007$ ist, hat der Faktor R hier keine besondere Bedeutung. Er sagt nur, daß die Harnstoffmenge der Kolloidfraktion B zu 99,9%, d. h. praktisch vollständig, durch den

Gehalt an Kolloidgemisch B und an Chondroitinschwefelsäure bestimmt ist. Sind die Korrelationskoeffizienten $r_{12,3}$ und $r_{13,2}$ nicht so nahezu Eins wie in unserem Falle, so ist es von sachlichem Wert, festzustellen, wie genau die einzelne Größe durch die beiden anderen festgelegt ist.

4. Korrelation zwischen vier Größen

Beispiel 8. Das Beispiel, das zur Erläuterung der Korrelationsrechnung zwischen vier Größen dienen soll, zeigt zugleich eine neue Anwendungsmöglichkeit dieses Rechenverfahrens in der Organologie. Die Größen, deren Abhängigkeit untersucht wird, sind die Flächengrößen der einzelnen Abschnitte eines Nierenkanälchens. Es bedeutet x_1 die Fläche der Hauptstücke (Tubuli contorti I. Ordnung), x_2 die Fläche der dünnen Schenkel der HENLEschen Schleife, x_3 die der dicken Schleifenschenkel und x_4 die Fläche der Schaltstücke (Tubuli contorti II. Ordnung).

Die Fläche der Glomeruli ist in die Rechnung nicht mit einbezogen, da sie durch die Größe der Hauptstücke so gut wie eindeutig bestimmt ist. Die Korrelation zwischen beiden Größen ist gemessen durch $r = + 0{,}991 \pm 0{,}006$. Wie Tab. 10 zeigt, bietet der erste Teil der Korrelationsrechnung mit vier Größen nichts Neues. Es müssen die Korrelationen zwischen den vier Größen in allen Kombinationen zu zweien durchgeführt werden, d. h. es müssen 6 Summen der Produkte der Differenzen gebildet werden, entsprechend den Kombinationen: x_1, x_2; x_1, x_3; x_1, x_4; x_2, x_3; x_2, x_4; x_3, x_4.

Tabelle 10

Die Korrelation der Abschnitte eines Nierenkanälchens[1])

x_1 = Fläche des Hauptstückes in qmm.
x_2 = Fläche des dünnen Schleifenschenkels in qmm.
x_3 = Fläche des dicken Schleifenschenkels in qmm.
x_4 = Fläche des Schaltstückes in qmm.

	Nr.	x_1	x_2	x_3	x_4	
Maus . . .	1	0,423	0,058	0,134	0,084	$Mx_1 = 1{,}967$
Kaninchen .	2	0,755	0,254	0,228	0,066	$Mx_2 = 0{,}263$
Katze . . .	3	1,720	0,220	0,412	0,101	$Mx_3 = 0{,}487$
Schaf . . .	4	2,160	0,290	0,517	0,263	$Mx_4 = 0{,}234$
Schwein . .	5	3,570	0,350	0,404	0,408	
Mensch . .	6	2,500	0,282	0,910	0,578	
Rind . . .	7	2,980	0,630	0,765	0,171	
Echidna . .	8	1,630	0,022	0,527	0,197	

[1]) A. PÜTTER: Die Dreidrüsentheorie der Harnbereitung, S. 91. Berlin 1926, J. Springer.

Nr.	Δx_1	Δx_2	Δx_3	Δx_4
1	− 1,544	− 0,205	− 0,353	− 0,150
2	− 1,212	− 0,009	− 0,259	− 0,168
3	− 0,247	− 0,043	− 0,075	− 0,123
4	+ 0,193	+ 0,027	+ 0,030	+ 0,029
5	+ 1,603	+ 0,087	− 0,083	+ 0,174
6	+ 0,533	+ 0,019	+ 0,423	+ 0,344
7	+ 1,013	+ 0,367	+ 0,278	− 0,063
8	− 0,337	− 0,241	+ 0,040	− 0,037

Nr.	Δx_1^2	Δx_2^2	Δx_3^2	Δx_4^2
1	2,3839	0,0420	0,1246	0,0225
2	1,4689	0,0001	0,0671	0,0282
3	0,0610	0,0018	0,0056	0,0151
4	0,0372	0,0007	0,0009	0,0008
5	2,5696	0,0076	0,0069	0,0303
6	0,2841	0,0004	0,1789	0,1183
7	1,0262	0,1347	0,0773	0,0040
8	0,1136	0,0581	0,0016	0,0014
	$\sum = 7{,}9445$	$\sum = 0{,}2454$	$\sum = 0{,}4629$	$\sum = 0{,}2206$

$\sigma_1 = \pm\, 0{,}9965$ $\quad \sigma_2 = \pm\, 0{,}175$ $\quad \sigma_3 = \pm\, 0{,}2406$ $\quad \sigma_4 = \pm\, 0{,}166$

Der zweite Teil der Rechnung besteht in der Bildung von 24 Korrelationskoeffizienten. Von diesen sind 6 einfache, entsprechend den eben angegebenen 6 Kombinationen der Größen. Sie werden gebildet nach Gleichung (11).

12 Korrelationskoeffizienten sind in der Weise zu bilden, wie die partiellen Korrelationskoeffizienten bei drei Größen $r_{12,3}$, $r_{13,2}$, $r_{23,1}$; siehe Gleichung (15).

Diese 12 Koeffizienten haben die Form:

$$\begin{array}{lll} r_{12,3}; & r_{14,2}; & r_{24,1}\,. \\ r_{12,4}; & r_{14,3}; & r_{24,3}\,. \\ r_{13,2}; & r_{23,1}; & r_{34,1}\,. \\ r_{13,4}; & r_{23,4}; & r_{34,2}\,. \end{array}$$

Die folgenden 6 Korrelationskoeffizienten haben die Form: $r_{12,34}$ usw., d. h. sie geben die Abhängigkeit von x_1 und x_2 an für den Fall, daß x_3 und x_4 konstant sind. Die Bildung dieser Koeffizienten erfolgt nach den Gleichungen (19a) bis (19f).

$$r_{12,34} = \frac{r_{12,3} - r_{14,3} \cdot r_{24,3}}{\sqrt{(1 - r_{14,3}^2) \cdot (1 - r_{24,3}^2)}}\,, \tag{19a}$$

$$r_{13,24} = \frac{r_{13,2} - r_{14,2} \cdot r_{34,2}}{\sqrt{(1 - r_{14,2}^2) \cdot (1 - r_{34,2}^2)}}\,, \tag{19b}$$

$$r_{14,23} = \frac{r_{14,2} - r_{13,2} \cdot r_{34,2}}{\sqrt{(1 - r_{13,2}^2) \cdot (1 - r_{34,2}^2)}}\,, \tag{19c}$$

$$r_{23,14} = \frac{r_{23,1} - r_{24,1} \cdot r_{34,1}}{\sqrt{(1 - r_{24,1}^2) \cdot (1 - r_{34,1}^2)}}\,, \tag{19d}$$

$$r_{24,13} = \frac{r_{24,1} - r_{23,1} \cdot r_{34,1}}{\sqrt{(1 - r_{23,1}^2) \cdot (1 - r_{34,1}^2)}}\,, \tag{19e}$$

$$r_{34,12} = \frac{r_{34,1} - r_{23,1} \cdot r_{24,1}}{\sqrt{(1 - r_{23,1}^2) \cdot (1 - r_{24,1}^2)}}\,. \tag{19f}$$

Nr.	$\Delta x_1 \cdot \Delta x_2$	$\Delta x_1 \cdot \Delta x_3$	$\Delta x_1 \cdot \Delta x_4$
1	+0,3170	+0,5470	+0,2320
2	+0,0109	+0,3140	+0,2030
3	+0,0110	+0,0186	+0,0305
4	+0,0052	+0,0058	+0,0056
5	+0,1400	−0,1330	+0,2800
6	+0,0100	+0,2260	+0,1840
7	+0,3730	+0,2820	−0,0640
8	+0,0815	−0,0135	+0,0125
	$\sum$ = +0,9486	+1,3934	+0,9476
		−0,1465	−0,0640
		$\sum$ = +1,2469	$\sum$ = +0,8836

Nr.	$\Delta x_2 \cdot \Delta x_3$	$\Delta x_2 \cdot \Delta x_4$	$\Delta x_3 \cdot \Delta x_4$
1	+0,07250	+0,03070	+0,05300
2	+0,00234	+0,00152	+0,04350
3	+0,00324	+0,00530	+0,00925
4	+0,00073	+0,00078	+0,00087
5	−0,00720	+0,01520	−0,01440
6	+0,00805	+0,00655	+0,15500
7	+0,10200	−0,02320	−0,01760
8	−0,00965	+0,00895	−0,00150
	+0,18886	+0,06900	+0,26162
	−0,01685	−0,02320	−0,03350
	$\sum$ = +0,17201	$\sum$ = +0,0458	$\sum$ = +0,22812

$\sigma_{1,234}^2 = \sigma_1^2 \cdot 0{,}5376 \cdot 0{,}7715 \cdot 0{,}5775 = \sigma_1^2 \cdot 0{,}238$

$\sigma_{1,234} = \sigma_1 \cdot 0{,}488 = 0{,}486$

$\sigma_{2,134}^2 = \sigma_2^2 \cdot 0{,}5376 \cdot 0{,}9849 \cdot 0{,}6156 = \sigma_2^2 \cdot 0{,}325$

$\sigma_{2,134} = \sigma_2 \cdot 0{,}57 = 0{,}100$

$\sigma_{3,124}^2 = \sigma_3^2 \cdot 0{,}7390 \cdot 0{,}7715 \cdot 0{,}6031 = \sigma_3^2 \cdot 0{,}345$

$\sigma_{3,124} = \sigma_3 \cdot 0{,}587 = 0{,}141$

$\sigma_{4,123}^2 = \sigma_4^2 \cdot 0{,}5543 \cdot 0{,}753 \cdot 0{,}6156 = \sigma_4^2 \cdot 0{,}275$

$\sigma_{4,123} = \sigma_4 \cdot 0{,}525 = 0{,}088$

	$1-r^2$		$1-r^2$
$r_{12} = + 0{,}680$	0,5376	$r_{23} = + 0{,}5107$	0,7390
$r_{13} = + 0{,}650$	0,5775	$r_{24} = + 0{,}1974$	0,9610
$r_{14} = + 0{,}6676$	0,5543	$r_{34} = + 0{,}714$	0,4902

	$1-r^2$		$1-r^2$
$r_{12,3} = + 0{,}530$	0,7191	$r_{23,1} = + 0{,}123$	0,9849
$r_{12,4} = + 0{,}742$	0,4494	$r_{23,4} = + 0{,}536$	0,7127
$r_{13,2} = + 0{,}478$	0,7715	$r_{24,1} = - 0{,}47$	0,7791
$r_{13,4} = + 0{,}313$	0,9020	$r_{24,3} = - 0{,}283$	0,9199
$r_{14,2} = + 0{,}740$	0,4524	$r_{34,1} = + 0{,}497$	0,7530
$r_{14,3} = + 0{,}377$	0,8579	$r_{34,2} = + 0{,}729$	0,4686

	$1-r^2$		$1-r^2$
$r_{12,34} = + 0{,}717 \pm 0{,}17$	0,4859	[$r_{23,14} = + 0{,}480 \pm 0{,}272$	0,7696]
[$r_{13,24} = - 0{,}132 \pm 0{,}35$	0,9826]	$r_{24,13} = - 0{,}620 \pm 0{,}218$	0,6156
$r_{14,23} = + 0{,}650 \pm 0{,}204$	0,5775	$r_{34,12} = + 0{,}630 \pm 0{,}213$	0,6031

$b_{12,34} = + 3{,}43 \pm 0{,}81$ $\qquad$ $b_{24,13} = - 0{,}705 \pm 0{,}246$

$b_{14,23} = + 3{,}60 \pm 1{,}12$ $\qquad$ $b_{34,12} = + 1{,}006 \pm 0{,}336$

Die 6 einfachen Korrelationskoeffizienten sind alle positiv und mit einer Ausnahme ($r_{24} = + 0{,}1974$) so groß, daß ihnen eine reale Bedeutung zukommt.

Die 12 Korrelationskoeffizienten mit je drei Größen ergeben schon ein anderes Bild. Einige sind größer, andere kleiner als die entsprechenden einfachen Korrelationskoeffizienten. Vor allem aber sind zwei von ihnen ($r_{24,1}$ und $r_{24,3}$) negativ.

Das Endresultat der Rechnung ist in den 6 Korrelationskoeffizienten mit je vier Größen enthalten. Von ihnen sind vier positiv und zwei negativ. Unter Berücksichtigung der Streuung hat der Korrelationskoeffizient $r_{13,24} = - 0{,}132 \pm 0{,}35$ keine reale Bedeutung. Ob $r_{23,14} = + 0{,}48 \pm 0{,}27$ als real anzusehen ist, ist mindestens zweifelhaft. Es bleiben als erkennbare Abhängigkeiten die 4 Werte:

$$r_{12,34} = + 0{,}717 \pm 0{,}17$$
$$r_{14,23} = + 0{,}65 \pm 0{,}204$$
$$r_{24,13} = - 0{,}620 \pm 0{,}218$$
$$r_{34,12} = + 0{,}63 \pm 0{,}213$$

Das Resultat der Rechnung lautet in Worten:

1. Der dicke Schenkel der Henleschen Schleife hat weder zur Größe des Hauptstückes noch zu der des dünnen Schleifenschenkels eine Korrelation, wohl aber eine positive zur Größe des Schaltstückes ($r_{34,12} = + 0{,}63$).

2. Hauptstück und dünner Schleifenschenkel stehen in enger positiver Korrelation ($r_{12,34} = + 0{,}717$).

3. Hauptstück und Schaltstück stehen gleichfalls in deutlicher positiver Korrelation ($r_{14,23} = +\ 0{,}65$).

4. Dünner Schleifenschenkel und Schaltstück stehen in negativer Korrelation ($r_{24,13} = -\ 0{,}62$).

Diese Beziehungen sind auf andere Weise nicht klar herauszustellen. Gibt man die Größe jedes Abschnittes in Prozenten der Fläche des ganzen Kanälchens an, so kann sich das Verhältnis zweier Abschnitte zueinander allein dadurch ändern, daß die beiden anderen Abschnitte variieren. Die Rechnung beantwortet die Frage, welche Beziehung zwischen je zwei Abschnitten besteht, sofern die beiden anderen konstant bleiben.

Will man jetzt weiter wissen, um wieviel die Flächengröße eines Abschnittes zu- oder abnimmt, wenn ein anderer um eine Größeneinheit wächst, so muß man die Regressionskoeffizienten bilden. Dazu ist erforderlich, die Streuungen zu kennen, die die Werte von Mx_1 bis Mx_4 haben würden, wenn die drei anderen Größen konstant wären; d. h. die Streuungen $\sigma_{1,234}$ usw. Sie werden nach den folgenden Gleichungen berechnet:

$$\left.\begin{aligned}
\sigma_{1,234}{}^2 &= \sigma_1{}^2 \cdot (1 - r_{12}{}^2) \cdot (1 - r_{13,2}{}^2) \cdot (1 - r_{14,23}{}^2) \\
\sigma_{2,134}{}^2 &= \sigma_2{}^2 \cdot (1 - r_{12}{}^2) \cdot (1 - r_{23,1}{}^2) \cdot (1 - r_{24,13}{}^2) \\
\sigma_{3,124}{}^2 &= \sigma_3{}^2 \cdot (1 - r_{23}{}^2) \cdot (1 - r_{13,2}{}^2) \cdot (1 - r_{34,12}{}^2) \\
\sigma_{4,123}{}^2 &= \sigma_4{}^2 \cdot (1 - r_{14}{}^2) \cdot (1 - r_{34,1}{}^2) \cdot (1 - r_{24,13}{}^2)
\end{aligned}\right\} \qquad (20)$$

Die Regressionskoeffizienten ergeben sich dann in der bekannten Weise:

$$b_{12,34} = r_{12,34} \cdot \frac{\sigma_{1,234}}{\sigma_{2,134}}; \qquad b_{21,34} = r_{12,34} \cdot \frac{\sigma_{2,134}}{\sigma_{1,234}} \qquad (21)$$

usw. Die Zahlenwerte für unseren Beispielsfall sind aus Tab. 10 zu entnehmen.

Korrelationsrechnungen zwischen mehr als vier Größen sind bisher nicht durchgeführt worden. Sie würden eine erhebliche Rechenarbeit erfordern. Bei 5 Größen sind schon 10 Produktsummen und 80 Korrelationskoeffizienten zu bilden. Allgemeine Formeln für die hierbei auftretenden Größen gibt Exner.[1])

---

[1]) Felix M. Exner: Über die Korrelationsmethode. Fischer, Jena 1913.

BIBLIOGRAPHIE

Anatomie

Grundriß der Anatomie des Menschen. Für Studium und Praxis. Von Dr. JOHANNES MÖLLER, ehem. Prosektor am Vesalianum zu Basel, und Dr. PAUL MÜLLER, ehem. Assistenten am Anatomischen Institut zu Leipzig. Mit 91 Figuren im Text und 2 Regionentafeln. 4. Aufl. Oktav. XXII, 493 Seiten. 1924. Geb. 7.20

Der Band behandelt die deskriptive Anatomie einschließlich der Histologie, Ontogenese und Topographie, und eignet sich besonders zum Gebrauch für Studierende und praktische Ärzte.

Plastische Anatomie des menschlichen Körpers für Künstler und Freunde der Kunst. Von Dr. JULIUS KOLLMANN, o. ö. Professor der Anatomie zu Basel. Mit mehreren hundert zum Teil mehrfarbigen Abbildungen im Text und 19 Vollbildern. 4., unveränderte Aufl. Lexikon-Oktav. XIV, 624 Seiten. 1928. Geb. 30.—

Dieses klassische Werk der plastischen Anatomie war jahrelang vergriffen und erscheint hiermit in einem Neudruck. Die außerordentliche Instruktivität der Darstellung und des reichhaltigen Abbildungsmaterials, das von Buckly und Dreßler unter den Augen des Verfassers nach dessen Präparaten gezeichnet worden ist, machen das Werk unentbehrlich.

Anatomische Präparierübungen. Von Dr. HANS VIRCHOW, o. Professor an der Universität Berlin. Groß-Oktav.

1. Kurs: Vorbemerkung. Einleitung. Arm, Bein, Brust, Bauch, Zwerchfell, Rücken, Hals, Kopf. 66 Seiten. 1924. Geb. 4.—

2. Kurs: Obere Rumpfhälfte, Auge, Situs cavi cranii, Gehirn, Thorax, Wirbelkanal und Rückenmark, untere Rumpfhälfte. 110 Seiten. Geb. 5.50

„Wir werden alle Hans Virchow sehr dankbar sein, daß er uns diese ganz vorzüglichen Anleitungen gegeben hat, die auf jeder Seite seine vorbildliche und wundervoll exakte Arbeitsweise zeigen." Zeitschrift für die gesamte Anatomie.

Anthropologie. Von Dr. ERNST FRIZZI, o. Professor am Anthropologischen Institut der Universität München. Mit 41 Figuren. 133 Seiten. 1921. (Samml. Göschen Bd. 838.) Geb. 1.50

Der Band behandelt Abstammungs- und Vererbungsprobleme, Rassenbildung und Rasseneinteilung, anthropologische Methoden, körperliche Eigenarten, Geschlechtsunterschiede, Kriminal- und Sozialanthropologie.

Lehrbuch der speziellen pathologischen Anatomie für Studierende und Ärzte. Von Dr. EDUARD KAUFMANN, o. Professor an der Universität Göttingen. Zwei Bände. 7. und 8., völlig neubearbeitete u. vermehrte Aufl. Groß-Oktav.

I. Band. Mit 594 Abbildungen im Text und auf 3 farbigen Tafeln. V, 998 Seiten. Neudruck 1928. Geb. 40.—

II. Band. Mit 393 Abbildungen im Text und auf 4 farbigen Tafeln. Seiten V—VII, 999—1962. Neudruck 1929. Geb. 40.—

Kaufmanns Werk ist das vollständigste neuzeitliche Lehrbuch der speziellen pathologischen Anatomie, belebt durch allenthalben in die Darstellung eingeflochtene konkrete eigene Beobachtung des Verfassers, sowie durch stetige Hinweise auf den Zusammenhang zwischen pathologischer Anatomie und praktischer Medizin.

Mikroskopische Anatomie der Wirbeltiere in Einzeldarstellungen. Von Dr. RUDOLF KRAUSE, a. o. Professor an der Universität Berlin. Groß-Oktav.

I: Säugetiere. Mit 75 Abbildungen im Text. VI, 186 Seiten. 1921. 9.60
II: Vögel und Reptilien. Mit 139 Originalabbildungen im Text. Seiten VII bis X, 187—454. 1922. 12.60
III: Amphibien. Mit 85 Originalabbildungen im Text. Seiten XI—XIV, 455—608. 1923. 7.80
IV: Teleostier, Plagiostomen, Zyklostomen und Leptokardier. Seiten XV bis XIX, 609—898. 15.20

Ein unentbehrliches Hilfsbuch für den Anatomen und Physiologen.

Handbuch für das mikroskopisch-zoologische Praktikum der wirbellosen Tiere. Von Dr. PAUL DEEGENER, a. o. Professor an der Universität Berlin. Lex.-Format. 1. Lieferung. Bogen 1–10. Mit 238 Figuren im Text. 1923. 8.—

Das Buch will in erster Linie den Studierenden der Zoologie ein Führer sein und dem Anfänger das zeitraubende und mühselige Durchforschen der Originalliteratur ersparen.

Physiologie

Grundriß der Physiologie des Menschen. Für Studierende der Medizin und praktische Ärzte. Von Professor Dr. J. STEINER, Köln. 9., verbesserte und vermehrte Aufl. Mit zahlreichen Abbildungen. Groß-Oktav. VIII, 474 Seiten. 1906. 9.—

Allgemeine vergleichende Physiologie der Tiere. Von Dr. H. J. JORDAN, o. Professor der vergleichenden Physiologie und Direktor des Instituts für vergleichende Physiologie der Universität Utrecht. Mit 279 Abbildungen. Oktav. 28,761 Seiten. 1929. 32.—, geb. 34.—

Der Verfasser hat mit diesem Werk ein übersichtliches, verständliches Buch geschaffen, das alle Faktoren systematisch darstellt, die den Organismus als zusammenhängendes Ganzes aufbauen, wie sie sich aus den Untersuchungen an „allen" Tieren ergeben.

Physiologie. Von M. FOSTER, Professor an der Universität Cambridge. Deutsche Ausgabe von J. RICH. EWALD, Professor an der Universität Straßburg. Mit Abbildungen. 3., neu durchgesehene Aufl. Klein-Oktav. VII, 136 Seiten. 1898. (Naturwissenschaftliche Elementarbücher H. 10.) 1.—

Die Physiologie des Kreislaufes. Von Dr. ROBERT TIGERSTEDT, Helsingfors (Finnland). Vier Bände. 2., stark vermehrte u. verbesserte Aufl. Quart-Format.
I. Band: Die Bewegung des Herzens. Mit 177 Abbildungen im Text. VIII, 334 Seiten. 1921. 15.—, geb. 17.—
II. Band: Die Innervation des Herzens. Mit 169 Abbildungen im Text. VIII, 478 Seiten. 1921. 21.—, geb. 23.—
III. Band: Die Strömungen des Blutes im großen Kreislauf. Mit 134 Abbildungen im Text. VI, 320 Seiten. 1922. 14.—, geb. 16.—
IV. Band: Innervation der Blutgefäße. Mit 43 Abbildungen im Text. VIII, 392 Seiten. 1923. 18.—, geb. 20.—

Skandinavisches Archiv für Physiologie. Herausgegeben unter Mitwirkung hervorragender Gelehrter von Dr. C. G. SANTESSON, Professor an der Universität Stockholm. Groß-Oktav.
Erscheint in Bänden von 5 bis 6 Heften mit Abbildungen im Text u. Tafeln. Band 1—40: Preise auf Anfrage. Band 41—44: je 10.—. Band 45: 15.—. Band 46: 19.50. Band 47—55: je 20.—. Supplement zu Band 47: 10.—. Generalregister zu Band 1—50. 1928: 6.—.

Chemie, Pathologie, Pharmazie

Physiologische Chemie. Von Dr. med. F. A. LEGAHN in Berlin.
I. Teil: Assimilation. 3. Aufl. Mit 2 Tafeln. (Samml. Göschen Bd. 240.) Geb. 1.50
II. Teil: Dissimilation. 3. Aufl. Mit 1 Tafel. (Samml. Göschen Bd. 241.) Geb. 1.50

Der erste Band behandelt die Nahrungsstoffe und ihre Assimilation, der zweite Teil den Aufbau der tierischen Stoffe, Gewebe und Organe.

Chemie der Fette vom physiologisch-chemischen Standpunkte. Von Prof. Dr. ADOLF JOLLES. 2., verm. u. verb. Aufl. Oktav. VII, 148 S. 1912. 4.—

Die qualitative und quantitative Bestimmung des Selens im Menschen- und Tierorganismus, im Harn und in Nahrungsmitteln. Von Dr. TH. GASSMANN. Oktav. 12 Seiten. 1917. 0.90

Das Elektrokardiogramm des gesunden und kranken Menschen. Von Dr. FRIEDRICH KRAUS und Dr. GEORG NICOLAI, Professoren an der Universität Berlin. Mit zahlreichen, zum Teil mehrfarbigen Figuren. Groß-Oktav. XXII, 322 Seiten. 1910. 12.—, geb. 13.50

Die Schilddrüse in Physiologie und Pathologie. Von Professor Dr. med. ADOLF OSWALD, Privatdozent an der Universität Zürich. Mit 10 Abbildungen. Groß-Oktav. VI, 88 Seiten. 1916. 4.—

Ernährung und Nahrungsmittel. Von Professor H. BISCHOFF in Bremen. 2., verbesserte Aufl. Mit 4 Figuren. 126 Seiten. 1921. (Samml. Göschen Bd. 464.) Geb. 1.50

Der Band ist infolge seiner allgemein faßlichen Darstellung berufen, als Ratgeber der Volksernährung für jeden zu dienen.

Hoppe-Seylers Zeitschrift für physiologische Chemie. Fortgeführt von A. KOSSEL und unter Mitwirkung von E. ABDERHALDEN, Halle, M. BERGMANN, Dresden, P. BRIGL, Hohenheim, u. a. herausgegeben von F. KNOOP, Freiburg.

Die Zeitschrift erscheint in Bänden zu je 6 Heften. Im Jahre etwa 6—7 Bände. Bd. 132—179. 1924—1929. Je 15.—

Pharmazeutische Chemie. Von Professor Dr. E. MANNHEIM, Privatdozent für pharmazeutische Chemie an der Universität Bonn.

I: Anorganische Chemie. 2. Aufl. (Samml. Göschen Bd. 543.) Geb. 1.50

II: Organische Chemie. 2. Aufl. (Samml. Göschen Bd. 544.) Geb. 1.50

III: Die Methoden der Arzneimittelprüfung. Mit 10 Abbildungen. (Samml. Göschen Bd. 588.) Geb. 1.50

IV: Übungspräparate. 2. Aufl. Mit 5 Abbildungen. (Samml. Göschen Bd. 682.) Geb. 1.50

Ein vorzügliches Repetitorium für den Pharmazeuten und Mediziner.

Toxikologische Chemie. Von Professor Dr. E. MANNHEIM, Professor für pharmazeutische Chemie an der Universität Bonn. Erg. von Dr. FR. X. BERNHARD. 3., verbesserte Aufl. Mit 5 Abbildungen. (Samml. Göschen Bd. 465.) Geb. 1.50

Das gesamte Gebiet der toxikologischen Chemie ist hier leichtfaßlich dargestellt, so daß der Band auch dem Anfänger gute Dienste leisten wird.

Minimetrische Methoden der Blutuntersuchung. Zusammengestellt von Dr. J. A. MANDEL, Professor der Chemie, University and Bellevue Hospital, Medical College New York, und Dr. H. STEUDEL, a. o. Professor und Abteilungsleiter am Physiologischen Institut der Universität Berlin. Mit 4 Figuren im Text. 2., verb. u. verm. Aufl. Oktav. 60 Seiten. 1924. 1.50

Es ist ein besonderes Verdienst der beiden hervorragenden physiologischen Chemiker, die das vorliegende Büchlein verfaßt haben, daß sie den deutschen Lesern die Kenntnis der außerordentlich wichtig gewordenen Mikromethoden der Blutuntersuchung in klarer, allgemeinverständlicher Darstellung vermitteln.

Neuere Arzneimittel, ihre Zusammensetzung, Wirkung und Anwendung. Von Professor Dr. med. C. BACHEM, a. o. Professor an der Universität Bonn. 3., verbesserte Aufl. 146 Seiten. 1925. (Samml. Göschen Bd. 669.) Geb. 1.50

Eine Auswahl der wertvollen Präparate hat der Verfasser in seinem Büchlein niedergelegt. Die Einteilung erfolgte vom klinischen Gesichtspunkt. Der Nutzen dieses Büchleins erscheint wirklich groß, da man sich schnell und eingehend orientieren kann.

Fortschritte der Heilstoffchemie. Dargestellt von Dr. J. HOUBEN.

I. Abteilung: Das deutsche Patentschriftwesen.

I. Band: 1877—1900. Quart. XXI, 84 und 922 Seiten. 1926.
Subskriptionspreis 70.—, geb. 80.—

II. Band: 1901—1907. Quart. XI, 97 und 974 Seiten. 1927.
Subskriptionspreis 80.—, geb. 90.—

III. Band: 1908—1912. Quart. XI, 116 und 999 Seiten. 1927.
Subskriptionspreis 86.—, geb. 96.—

IV. Band: 1913—1917. Quart. XI, 114 und 882 Seiten. 1928.
Subskriptionspreis 90.—, geb. 100.—

V. Band: Im Druck.

Das Werk gehört zu den wichtigsten Nachschlagewerken auf dem Gebiete der pharmazeutischen Chemie und füllt eine Lücke in der Literatur der Heilstoffchemie.

Psychiatrie

Die gegenwärtigen Strömungen in der Psychiatrie. Von KARL KLEIST, Professor an der Univ. Frankfurt a. M. Oktav. III, 41 Seiten. 1925. 1.50

Ein Buch, das aufs beste über den gegenwärtigen Zustand der Psychiatrie und die in ihr wirksamen Kräfte orientiert.

Die Literatur der Psychiatrie, Neurologie und Psychologie von 1459 bis 1799. Mit Unterstützung der Preuß. Akademie der Wissenschaften zu Berlin herausg. von Professor Dr. HEINRICH LAEHR. Drei Bände. Groß-Oktav. 80.— I. Band: Die Literatur 1459—1699. VIII, 751 Seiten. 1900. II. Band, 1. Hälfte: Die Literatur von 1700 bis 1799. 1900. II. Band, 2. Hälfte: Die Literatur von 1700 bis 1799. 1900. III. Band: Register der Bände I und II. 271 Seiten. 1900.

Kurzer Leitfaden der Psychiatrie für Studierende und Ärzte. Von Dr. PH. JOLLY, Privatdozent an der Universität Halle a. S., Reg.-Med.-Rat. 2., vermehrte Aufl. Oktav. VII, 264 Seiten. 1922. 5.—, geb. 6.50

Im Vordergrund dieses instruktiven Leitfadens, der zwischen den großen Lehrbüchern und den Kompendien die Mitte halten will, steht die Hervorhebung der praktischen, den Studierenden und den Arzt leitenden Gesichtspunkte, weshalb besonders die Diagnostik ausführlich behandelt worden ist.

Lehrbuch der Unfallbegutachtung der inneren und Nervenkrankheiten. Für Studierende und Ärzte. Von Dr. RUDOLF FINKELNBURG, o. Professor an d. Universität Bonn. Groß-Oktav. XXI, 544 Seiten. 1920. 13.60, geb. 15.60

„Eine scharfe Formulierung aller Voraussetzungen und Grundsätze, auf Grund welcher im konkreten Falle speziell die Zusammenhangsfrage vom Gutachter sachlich erörtert und gelöst werden kann, soweit es der Fall erlaubt. Ebenso gibt er für die einzelnen Krankheitsbilder und -kombinationen gut begründete Unterlagen für die Schadenabschätzung . . . Ein willkommenes Werk." Münchener Medizinische Wochenschrift.

Gedenktage der Psychiatrie und ihrer Hilfsdisziplinen in allen Ländern. Von Dr. HEINRICH LAEHR. 4., vermehrte u. umgearbeitete Aufl. Groß-Oktav. XIV, 478 Seiten. 1893. 12.—

Forensische Psychiatrie. Von Professor Dr. W. WEYGANDT, Direktor der Irrenanstalt Friedrichsberg in Hamburg.

I. Teil: Straf- und zivilrechtlicher Abschnitt. (Samml. Göschen Bd. 410.) Geb. 1.50

II. Teil: Sachverständigentätigkeit. (Samml. Göschen Bd. 411.) Geb. 1.50

Der Verfasser gibt in kurzer, prägnanter Darstellung eine Übersicht über die psychiatrische Sachverständigentätigkeit und erteilt wertvolle Hinweise für die Anfertigung psychiatrischer Gutachten.

Lehrbuch der forensischen Psychiatrie. Von Dr. A. H. HÜBNER, a. o. Prof. a. d. Universität Bonn. Groß-Oktav. IX, 1066 Seiten. 1914. 30.—, geb. 33.—

„Den vielen beamteten Ärzten wie manchem Praktiker, der häufig mit forensisch-psychiatrischen Fragen befaßt wird, ist das Buch sicher als zurzeit bestes Lehr- und Nachschlagewerk zu empfehlen." Deutsche Medizinische Wochenschrift.

Allgemeine Zeitschrift für Psychiatrie und psychisch-gerichtliche Medizin. Herausgegeben von Deutschlands Irrenärzten unter der Mitredaktion von BERZE, Wien, BLEULER, Zürich, BONHOEFFER, Berlin, FISCHER, Berlin-Dahlem, KLEIST, Frankfurt a. M., LAEHR, Wernigerode, durch GEORG ILBERG, Dresden. Mit Beilage: Zeitschrift für psychische Hygiene. Groß-Oktav.

Jeder Band umfaßt 8 Hefte mit Originalbeiträgen, Referaten, Vereinsberichten usw. Bd. 83—89. 1926—1928. Je 30.—

Zeitschrift für psychische Hygiene. Offizielles Organ des Deutschen Verbandes für psychische Hygiene. Herausgegeben von den Mitgliedern des erweiterten Vorstandes R. SOMMER-Gießen, W. WEYGANDT-Hamburg, H. ROEMER-Karlsruhe, G. KOLB-Erlangen, H. SIMON-Gütersloh und unter Mitwirkung des Herausgebers der „Allgemeinen Zeitschrift für Psychiatrie" G. ILBERG-Sonnenstein.

Jährlich 6 Hefte zu je 2 Bogen. Erster Band. 1928. 6.—

Die Erhaltung der geistigen Gesundheit. Von Dr. TH. RUMPF, o. Professor an der Universität Bonn. Oktav. 69 Seiten. 1919. 1.20

Cäsarenporträts. Von Dr. med. ERNST MÜLLER, Oberarzt und Medizinalrat an den Thüringer Heilanstalten zu Stadtroda. Groß-Oktav.

I. Teil: Mit 45 Münzabbildungen im Text und 4 Tafeln. 39 Seiten. 1914. 2.50, geb. 4.—

II. Teil: Mit 164 Münzabbildungen im Text und 11 Tafeln. 64 Seiten. 1924. 5.—, geb. 6.50

III. Teil: Beiträge zur Physiognomik und Pathographie der römischen Kaiserhäuser nach ihren Münzen und anderen antiken Denkmälern. Mit vielen Abbildungen und 19 Tafeln. Groß-Oktav. 143 Seiten. 1927. 15.—

Alle drei Bände in einem Band geb. 26.—

„Was hier der Seelenarzt aus den Cäsarenköpfen und den Münzenbildnissen herausliest, ist höchst beachtenswert. Geschichtliche Überlieferung, künstlerische Darstellung und ärztliche Wissenschaft, gepaart mit den Erfahrungen der Familien- und Rassenkunde, führen in den meisten Fällen zu überraschender Übereinstimmung." Historische Zeitschrift.

Geisteskrankheiten im klassischen Altertum. Von Prof. Dr. J. L. HEIBERG, Kopenhagen. Oktav. 44 Seiten. 1927. 1.50
(Sonderabdruck aus Band 86 der Allgemeinen Zeitschrift für Psychiatrie.)

Die für den Mediziner und jeden Kenner der Antike gleich interessante Frage nach der Rolle der Geisteskrankheiten im Altertum, ihren Erscheinungsformen, ihren Behandlungsweisen in der antiken Medizin findet in der vorliegenden Arbeit eine auf umfassender Kenntnis der klassischen Literatur, vor allem der medizinischen Schriften, begründete Darstellung und Untersuchung.

Die Anstalten für Psychisch- und Nervenkranke, Schwachsinnige, Epileptische, Trunksüchtige usw. Von H. LAEHR. Achte, von Anstaltsdirektor i. R. Prof. Dr. G. ILBERG, Dresden, vollkommen neubearbeitete Aufl. Oktav. 10.—
(Erweiterter Sonderabdruck aus der „Allgemeinen Zeitschrift für Psychiatrie", Bd. 91.)

Diese neue Auflage des altbekannten Laehrschen Anstaltsverzeichnisses wird von der ganzen psychiatrischen Welt als willkommenes und unentbehrliches Hilfsmittel sehr begrüßt werden.

Bakteriologie

Einführung in die Bakteriologie. Zum Gebrauch bei Vorlesungen und Übungen sowie zum Selbstunterricht für Ärzte und Tierärzte. Von Geheimem Medizinalrat Professor Dr. WALTHER KRUSE, Direktor des Hygienischen Instituts der Universität Leipzig. Mit 80 Figuren im Text und auf einer Tafel. Groß-Oktav. 397 Seiten. 1920. 10.—, geb. 11.50

In gedrängter, übersichtlicher Anordnung bringt der Band alles Wesentliche über Bakterien-, Immunitäts- und Seuchenlehre.

Bakteriologie für Zahnärzte. Einführung in die Mikrobiologie und Infektionskrankheiten. Von Dr. A. SEITZ, Prof. der Hygiene a. d. Universität Leipzig. Mit 5 Tafeln in Lichtdruck. 1922. Groß-Oktav. V, 222 Seiten. 5.—, geb. 6.—

In knapper Form werden die wesentlichen Daten der allgemeinen und speziellen Morphologie und Biologie der Mikroorganismen sowie der Immunitätslehre gebracht. Die historische Darstellung erhöht den Wert des Bandes für Studierende und praktische Ärzte.

Desinfektion. Von Dr. M. CHRISTIAN, Oberarzt, kommandiert zum Institut für Infektionskrankheiten in Berlin. Mit 18 Abbildungen. (Samml. Göschen Bd. 546.) Geb. 1.50

Die Infektionskrankheiten und ihre Verhütung. Von Professor Dr. W. HOFFMANN in Berlin. 2., verbesserte u. erweiterte Aufl. Mit 12 Abbildungen und einer Fiebertafel. (Samml. Göschen Bd. 327.) Geb. 1.50

Ein wertvoller Ratgeber für die Bekämpfung und Verhütung von Infektionskrankheiten.

Gewerbehygiene. Von Dr. med. HANS BETKE, Preuß. Landesgewerbearzt und Gewerbemedizinalrat des Aufsichtsbezirkes Wiesbaden. (Samml. Göschen Bd. 350.) Geb. 1.50

Eine kurze Übersicht über das wichtige Gebiet der Arbeits- und Arbeiterhygiene, unter Berücksichtigung der neueren gesetzlichen Bestimmungen.

Allgemeines

Leitfaden der Kinderheilkunde für Studierende und Ärzte. Von Dr. WALTER BIRK, o. ö. Professor der Kinderheilkunde an der Universität Tübingen. Groß-Oktav.

I. Teil: Säuglingskrankheiten. 5. u. 6. Aufl. (10.—17. Tausend.) Mit 27 Abbildungen im Text. XII, 282 Seiten. 1922. 6.—, geb. 7.50

II. Teil: Kinderkrankheiten. 3., verbesserte Aufl. (7.—8. Tausend.) Mit 17 Abbild. im Text und auf 6 Tafeln. XIII, 384 Seiten. 1928. 12.—, geb. 13.50

Das Buch hat in dieser Auflage erhebliche Veränderungen erfahren: verschiedene Abschnitte wurden ganz neu gestaltet, andere wurden ergänzt oder umgearbeitet, die Feersche Krankheit, die Störungen der Drüsen mit innerer Sekretion, das Exanthema subit., die interlobäre Pleuritis wurden neu eingefügt. Die Arzneiverordnungen wurden aus dem Text herausgenommen, ergänzt und am Schluß des Buches, übersichtlich geordnet, zusammengestellt.

Die Therapie an den Bonner Universitätskliniken. Herausgegeben von Professor Dr. FINKELNBURG. 3., vermehrte Aufl. Oktav. XII, 745 Seiten. 1920. 13.60, geb. 15.60

Ein Kompendium, das alles Wesentliche über therapeutische Maßnahmen enthält und das weit über die örtliche Bedeutung hinaus dem Praktiker als Nachschlagebuch für die Sprechstunde wertvoll sein wird.

Erkennung und Begutachtung der Unfallkrankheiten der inneren Organe und des Nervensystems. Ein Leitfaden für Ärzte und Studierende. Von Dr. HUGO STURSBERG, a. o. Professor an der Universität Bonn. Oktav. VI, 177 Seiten. 1922. (Marcus & Webers Verlag.) 2.50, geb. 4.—

Die kurze übersichtliche Darstellung macht den Band besonders geeignet, dem Arzt die Gutachtertätigkeit zu erleichtern und dem Studierenden als Unterrichtsmittel zu dienen.

Technik der wichtigsten Eingriffe in der Behandlung innerer Krankheiten. Ein Leitfaden für Studierende und Ärzte. Von Dr. HUGO STURSBERG, a. o. Professor an der Universität Bonn. 2., vermehrte u. überarbeitete Aufl. Mit 49 Abbild. im Text. Oktav. XII, 170 Seiten. 1923. (Marcus & Webers Verlag.) 3.30, geb. 4.50

Ein Büchlein für die Praxis, in dem jeder die wirklich notwendigen Handgriffe sofort und klar beschrieben findet.

Diagnostik und Therapie der Ohrenheilkunde. Ein Hilfsbuch für den praktischen Arzt. Von Dr. KONRAD STEIN, Privatdozent an der Universität Wien. Oktav. VIII, 276 Seiten. 1922. (Marcus & Webers Verlag.) 6.—, geb. 8.—

Das flüssig geschriebene, leicht verständliche Buch ist besonders dem Studierenden und dem praktischen Arzt zu empfehlen.

Lehrbuch der Massage. Von Sanitätsrat Dr. A. MÜLLER, München-Gladbach. 2., umgearbeitete u. stark vermehrte Aufl. Groß-Oktav. Band I/II zusammen 45.—, geb. 50.—

Erster Band: Die funktionellen Erkrankungen des Bewegungsapparates und die Theorie der Massage. Mit 99 Abbildungen. XVI, 404 Seiten. 1926. 20.—, geb. 22.50

Zweiter Band: Die Technik der Massage des Bewegungsapparates, der männlichen und weiblichen Beckenhöhle. Mit 349 Abbildungen. X, 588 Seiten. 1926. 30.—, geb. 32.50

„Für jeden Arzt, welcher häufig Gelegenheit hat, sich mit der Behandlung von Krankheiten, bei denen die Massage indiziert ist, zu beschäftigen, ist das sorgsame Studium dieses Lehrbuches zu empfehlen.“ Allgemeine Medizinische Central-Zeitung.

Kolibri 360 GmbH
Ferdinand-Jühlke-Straße 7
99095 Erfurt, Deutschland
produktsicherheit@kolibri360.de